LABORATORIUMSDIAGNOSE
MENSCHLICHER
VIRUS- UND RICKETTSIENINFEKTIONEN

EIN LEITFADEN

VON

DR. MED. WILHELM KLÖNE

LABORATORIUM DER STIFTUNG ZUR ERFORSCHUNG
DER SPINALEN KINDERLÄHMUNG
UNIVERSITÄTSKRANKENHAUS HAMBURG-EPPENDORF

MIT 10 ABBILDUNGEN

SPRINGER-VERLAG
BERLIN · GÖTTINGEN · HEIDELBERG
1953

ISBN-13: 978-3-540-01726-4   e-ISBN-13: 978-3-642-94613-4
DOI: 10.1007/978-3-642-94613-4

Geleitwort.

Die Methoden zur laboratoriumsmäßigen Untersuchung auf dem Virusgebiet wurden im letzten Jahrzehnt erheblich verbessert, erweitert und ergänzt. Wer heute die Absicht hat, auf dem noch in voller Entwicklung stehenden Gebiet der Virusforschung zu arbeiten, wird daher das Bedürfnis haben, sich über die zweckmäßigsten Verfahren rasch zu unterrichten. Aber auch derjenige, der eine routinemäßige Laboratoriumsdiagnostik der Viruskrankheiten betreiben will, bedarf schon eines Führers, der ihm zeigt, wie man die ätiologische Diagnostik am Krankenbett auch bei den virusbedingten Erkrankungen, und zwar ohne größere Schwierigkeiten durchführen kann.

Es fehlt aber eine knappe zusammenfassende Schrift, welche, ähnlich wie die bekannten Taschenbücher der bakteriologischen Technik, den Interessierten rasch über die bewährten Untersuchungsmethoden unterrichtet. In den Darstellungen der virusbedingten Infektionskrankheiten selbst und ihrer Erreger ist nicht der Platz, auf die methodischen Fragen im einzelnen einzugehen. Diese Bücher bedürfen daher einer Ergänzung, welche das Methodologische ganz unter dem Gesichtspunkt der Laboratoriumsbedürfnisse darstellt, und aus diesen Gründen regte ich eine Darstellung des jetzigen Standes der Technik an.

Noch sind die Methoden der Elektronenmikroskopie nicht so ausgebaut, daß sie für praktisch-diagnostische Zwecke verwendet werden können. Die folgenden Darstellungen haben sich daher darauf beschränkt, die zahlreichen, mit einfachen Mitteln durchzuführenden Verfahren, die bei den meisten virusbedingten Infektionen zum Erfolg führen, zu beschreiben. Diese diagnostischen Methoden werden in dem vorliegenden Buch aus dem Laboratorium für das Laboratorium in den Vordergrund gestellt.

Wien, im August 1953.

RICHARD BIELING.

Vorwort.

Das vorliegende Buch bringt eine Auswahl der laboratoriumsdiagnostischen Methoden menschlicher Virus- und Rickettsieninfektionen, soweit diese im mitteleuropäischen Raum vorkommen und für sie zur Zeit entsprechende Verfahren zur Verfügung stehen. Es ist keine Vollständigkeit in der Zusammenstellung aller vorgeschlagenen Techniken angestrebt worden. Vielfach ist nur ein Verfahren, das sich uns besonders bewährt hat, angeführt.

Herrn Professor PETTE danke ich für die Unterstützung bei der Durchführung der dem Buch zugrunde liegenden eigenen Versuche, Herrn Professor BIELING für seine wertvollen Ratschläge bei der Abfassung des Manuskriptes und für die Liebenswürdigkeit, dem Buch ein Geleitwort zu schreiben.

Herrn Dr. DALLDORF (Direktor der New York State Laboratories, Albany, N. Y.) sowie der „*Rockefeller Foundation*", die mir die Möglichkeit gaben, die in den Vereinigten Staaten geübten Methoden an verschiedenen Laboratorien kennenzulernen, möchte ich auch an dieser Stelle meinen verbindlichsten Dank sagen.

Hamburg, im September 1953.

WILHELM KLÖNE.

Inhaltsverzeichnis.

Inhaltsverzeichnis.

Inhaltsverzeichnis.

VII

Einleitung.

Die spezifische Diagnose der Virus- und Rickettsieninfektionen ist sowohl für die Einzelerkrankung als auch für die Aufklärung einer Epidemie von besonderer Bedeutung, da das Krankheitsbild oft uncharakteristisch ist und häufig atypische Krankheitsverläufe beobachtet werden.

Wird als Ausdruck einer stattgehabten Infektion das Vorkommen von spezifischen Antikörpern gewertet, so müssen die meisten Virusinfektionen latent oder abortiv verlaufen, da mehr als die Hälfte der Erwachsenen, ohne entsprechende Anamnese, Antikörper gegen Poliomyelitisvirus, Herpes simplex-Virus, Mumpsvirus, Influenzavirus und verschiedene Typen der Coxsackievirusgruppe in ihrem Blutserum aufweisen. Das „klassische Krankheitsbild" ist oft nur eine Ausnahme, eine Komplikation des regulären Infektionsverlaufes, wie auch die Zahl der Infizierten bei Epidemien um ein Vielfaches größer ist als die der Erkrankten.

Es sind grundsätzlich zwei Möglichkeiten der Laboratoriumsdiagnose gegeben: die Isolierung des Erregers und der Nachweis spezifischer Antikörper.

Die Isolierung und Identifizierung der Viren und Rickettsien ist auch bei günstigen Verhältnissen oft schwierig. Stehen aber keine serologischen Methoden zur Verfügung, so ist sie die einzige Möglichkeit der spezifischen Diagnose. Die Identifizierung eines isolierten Stammes setzt entsprechende Immunsera und Standardstämme voraus und ist bei manchen Virusarten durch das Vorkommen verschiedener Typen erschwert. Eine Art- und Gruppeneinteilung ist jedoch oft mit relativ wenig Aufwand möglich.

Der Versuch der Virusisolierung ist nur erfolgversprechend, wenn das Untersuchungsmaterial in einem frühen Krankheitsstadium gewonnen und bis zur Verarbeitung die Temperaturempfindlichkeit der Viren berücksichtigt wird. Nur durch eine enge Zusammenarbeit mit dem Kliniker können befriedigende Ergebnisse erzielt werden. Ein Teil des Viruslaboratoriums muß an das Krankenbett verlegt werden, „Einsendungen" im üblichen Sinne lohnen meist nicht den Aufwand an Arbeit und Material. Aber auch bei den günstigsten äußeren Bedingungen kann, je nach Virusart, immer nur ein gewisser, oft geringer, Prozentsatz erfaßt werden.

Die serologischen Methoden öffnen ein viel weiteres Feld. Ausgezeichnete spezifische Antigene für die Komplementbindungsreaktion sind entwickelt worden. Die Technik der Komplementbindungsreaktion mit Virusantigenen ist einfach und die Hämagglutination und

Hämagglutinationshemmung wird keinem Laboratorium Schwierigkeiten bereiten.

Schwieriger ist die Serum-Virus-Neutralisation, die Standardstämme und entsprechende Standardimmunsera voraussetzt. Sie ist aber für das Viruslaboratorium oft die wichtigste serologisch-immunologische Methode, da sie fast immer eine ausgezeichnete Spezifität aufweist.

Einige unspezifische serologische Reaktionen sind bei der Diagnose der Virus- und Rickettsieninfektionen von Wert (WEIL-FELIX-Reaktion, Kältehämagglutination, Agglutination des Streptococcus MG, Nachweis heterophiler Antikörper). Diese Reaktionen sind im allgemeinen spezifischen Reaktionen, soweit diese zur Verfügung stehen, unterlegen.

Die Laboratoriumsdiagnose der Virus- und Rickettsienerkrankungen erfordert meist viel Zeit und „bis die Laboratoriumsuntersuchungen durchgeführt sind, ist der Patient entweder schon tot oder wieder genesen" (MACCALLUM). So ist die Hilfe, die das Laboratorium dem Kliniker geben kann, oft nur retrospektiv von Nutzen. Der Wert der Laboratoriumsdiagnose liegt in der ätiologischen Aufklärung atypischer Krankheitsbilder sowie der Epidemien.

Es muß eindringlich auf die Gefahr hingewiesen werden, die das Arbeiten mit Fleckfieberrickettsien, Q-Fieberrickettsien, Poliomyelitisvirus und den Viren der Psittakose-Lymphogranuloma inguinale-Gruppe mit sich bringt, nicht nur für den unmittelbar Beteiligten sondern auch für seine Umgebung. Gesetzliche Beschränkungen, außerhalb der Verfügungen über das Arbeiten mit Infektionserregern, bestehen für Versuche mit dem Psittakosevirus.

Literatur.

BIELING, R.: Die Viruskrankheiten des Menschen, 4. Aufl. Leipzig: Johann Ambrosius Barth. In Vorbereitung.

Diagnostic procedures für virus and rickettsial diseases. New York: Amer. Publ. Health Ass. 1948.

Handbuch der Virusforschung (2 Ergänzungsbände), herausgeg. von R. DOERR u. C. HALLAUER. Wien: Springer 1938. — Handbuch der Viruskrankheiten, herausgeg. von E. GILDEMEISTER, E. HAAGEN u. W. WALDMANN. Jena: Gustav Fischer 1939.

LEVADITI, J. C., et P. LÉPINE: Traité des Maladies à Ultra-Virus. Paris: Maloine 1948.

MACCALLUM, F. O.: Diagnosis of virus diseases. Brit. Med. Bull. 7, 174 (1951).

ROOYEN, C. E. VAN, and A. J. RHODES: Virus diseases of man. New York: Thomas Nelson 1948.

SMADEL, J. E.: The hazard of acquiring virus and ricksettsial dieseases in the laboratory. Amer. J. Publ. Health 41, 788 (1951). — SULKIN, S. E., and R. M. PIKE: Survey of laboratory-acquired infections. Amer. J. Publ. Health 41, 769 (1951).

Viral and rickettsial infections of man. Herausgeg. von TH. M. RIVERS. Philadelphia: J. B. Lippincott Company 1952.

A. Allgemeine Methoden.

1. Elementarkörperchen und celluläre Einschlüsse.

Einschlußkörperchen. In Zellen, die mit bestimmten Virusarten infiziert sind, treten oft charakteristische Strukturen auf, sog. Einschluß-körperchen. Diese Einschlußkörperchen können sowohl im Plasma (Pocken, Tollwut) als auch im Zellkern (Herpes simplex, Gelbfieber) gefunden werden und färben sich entweder mit sauren oder basischen Farbstoffen. Wenige Virusarten rufen Einschlußkörperchen sowohl im Kern als auch im Plasma der gleichen Zelle hervor. Die Gestalt der Einschlußkörperchen wechselt. Im Kern liegen sie meist zentral und sind von einer klaren Zone umgeben. Sie können sowohl einzeln als auch multipel in der Zelle auftreten. Bei den kleineren Virusarten sind sie im allgemeinen homogen, während sie bei den größeren Virusarten Strukturen zeigen. Entzündliche Reaktionen bzw. Zellschädigung können vorhanden sein.

Bei manchen Virusarten werden die Einschlußkörperchen so konstant gefunden, daß sie eine diagnostische Bedeutung besitzen (NEGRI-Kör-perchen bei Tollwut, GUARNIERI-Körperchen bei Pocken). Nicht bei allen Virusinfektionen sind Einschlußkörperchen nachweisbar. Hingegen sind ähnliche Zelleinschlüsse in Tumorzellen, bei Metallvergiftungen, bei Verbrennungen u. a. beobachtet worden. Diese im Kern gelegenen Strukturen können virusbedingten Einschlußkörperchen ähneln. Der Nachweis eines Einschlußkörperchens bedeutet also nicht, daß die Zelle virusinfiziert ist. Dieser Schluß kann erst gezogen werden, wenn die Einschlußkörperchen stets bei der gleichen Infektion auftreten und mit einer Infektiosität des Gewebes, in welchem sie vorkommen, ver-bunden sind.

Die charakteristischen Einschlußkörperchen können nur durch Ver-impfung von aktivem Virus, nicht aber durch inaktiviertes Virus her-vorgerufen werden.

Es ist nachgewiesen worden, daß die cytoplasmatischen Ein-schlußkörperchen, die durch die größeren Virusarten bedingt sind, intracelluläre Viruskolonien darstellen.

Elementarkörperchen. Die Elementarkörperchen entsprechen den Viruspartikeln und sind bei den größeren Virusarten färberisch und lichtoptisch nachweisbar.

Tabelle 1. *Einschlußkörperchen.*

Cytoplasmatische Einschlußkörperchen
      Oxyphil: Pocken, Vaccine (GUARNIERIsche Körperchen)
                Tollwut (NEGRIsche Körperchen)
                Molluscum contagiosum
                Verrucae (?)
      Basophil: Lymphogranuloma inguinale
                Trachom
                Psittacosis
                Einschlußkörper-Conjunctivitis
                Herpes simplex (?)
                Masern (?)
Intranucleäre Einschlußkörperchen
      Oxyphil: Herpes simplex
                Gelbfieber
                Varicellen
                Herpes zoster (?)
                Poliomyelitis (?)

Fixierung von Gewebestücken nach BOUIN.

Die Fixierung nach BOUIN ist für die Untersuchung der Einschlußkörperchen besonders günstig. Nach dieser Fixierung können fast alle
Färbungen angewendet werden.

Fixierungsflüssigkeit nach BOUIN.

Pikrinsäure, gesättigt, wäßrig (1,22%)	15 Teile
Formalin, neutral (40% Formaldehydlösung)	5 Teile
Eisessig	1 Teil

Vor Gebrauch mischen.

Die Gewebestücke sollen nicht dicker als 10 mm sein, sie werden
entsprechend der Dicke 2—24 Std fixiert, jedoch ist auch tagelange
Einwirkung der Fixierungsflüssigkeit unschädlich. Nach der Fixierung
werden die Gewebestücke zunächst in 50%igem Alkohol, dann in mehrfach gewechseltem 80%igem Alkohol gewaschen. Aufbewahrung in
80%igem Alkohol, die Gewebestücke können hierin mehrere Wochen
gehalten werden, die Färbequalitäten werden dadurch verbessert.

Färbung der Einschlußkörperchen nach GIEMSA im Schnittpräparat.

Farblösung: Puffergemisch nach WEISE.

In 5 l Aqua dest. werden gelöst:
        2,45 g Kaliumphosphat (SÖRENSEN) und
        5,70 g Natriumphosphat (SÖRENSEN)

In gut verschlossener Flasche aufbewahren; das gepufferte Wasser
(p_H 7,4) hält sich monatelang.

Zu je 50 ml gepuffertem Aqua dest. werden 0,5 ml GIEMSA-Lösung
gegeben.

Ausführung der Färbung.

1. Das Gewebe wird nach Bouin fixiert und in Paraffin eingebettet. Die Schnitte sollen nicht dicker als 5 μ sein; absteigende Alkoholreihe.

Die Schnitte werden in einmal gewechseltes gepuffertes Wasser gebracht.

2. Färben in frisch verdünnter Giemsa-Lösung im Dunkeln. Die Objektträger werden in zugedeckten Färbecuvetten senkrecht gestellt. Färbezeit 1—12 Std, gelegentliche Kontrolle der Färbung, die Schnitte sollen etwas überfärbt sein.

3. Abspülen der überfärbten blauvioletten Schnitte in Aqua dest. Leicht abtupfen mit Fließpapier.

4. Differenzieren und Entwässern in
    a) Aceton (säurefrei) 95 ml + Xylol 5 ml
    b) Aceton   70 ml + Xylol 30 ml
    c) Aceton   30 ml + Xylol 70 ml
    d) reines Xylol, 1mal gewechselt.

5. Einschließen in Caedax.

Wenn eine verstärkte Chromatin (Azur-)-Färbung erzielt werden soll, werden zu 100 ml Aqua dest., bevor die Giemsa-Lösung zugesetzt wird, 2—4 Tropfen einer 1%igen wäßrigen Natriumkarbonatlösung gegeben. Um eine Verstärkung der Eosinfärbung zu erzielen, werden 2—4 Tropfen einer 1%igen Essigsäurelösung zugefügt.

Färbung der Einschlußkörperchen nach Mann im Schnittpräparat.

Für intranucleäre und basophile cytoplasmatische Einschlüsse ist die Giemsa-Färbung geeignet, bei oxyphilen cytoplasmatischen Einschlußkörperchen gibt die Mannsche Färbung oft bessere Ergebnisse.

Farblösung: Methylblau-Eosin nach Mann.

    Methylblau, 1%ige wäßrige Lösung   35 ml
    Eosin, 1%ige wäßrige Lösung   45 ml
    Aqua dest.   100 ml

Ausführung der Färbung.

1. Das Gewebe wird nach Bouin fixiert und Paraffinschnitte wie üblich angefertigt.

2. Färben mit Mannschem Methylblau-Eosin, 12 Std bei 37° C.

3. Abspülen in Aqua dest. (20—30 sec).

4. In 70%igem Alkohol, welchem je Milliliter 1 Tropfen gesättigte wäßrige Orange G-Lösung zugesetzt ist, unter Mikroskopkontrolle differenzieren.

5. Aufsteigende Alkoholreihe, Xylol, Einschließen in Caedax.

Färbung der Einschluß- und Elementarkörperchen nach GIEMSA im Ausstrichpräparat.

Die Färbung mit stark verdünnter GIEMSA-Lösung gibt bessere Ergebnisse als die in der Hämatologie gebräuchliche Technik mit schwach verdünnter GIEMSA-Lösung.

Ausführung der Färbung.

1. Von dem infizierten Gewebe werden dünne Ausstriche oder Klatschpräparate angefertigt.

2. Gut lufttrocknen lassen.

3. Fixierung in Methylalkohol, 5—10 min.

4. Färbung in stark verdünnter GIEMSA-Lösung: 1 Tropfen GIEMSA-Lösung auf 5 ml gepuffertes Aqua dest. (p_H 7,4). Die Präparate werden 24 Std bei 37° C in einer Färbecuvette stehend gefärbt.

5. Gründlich mit Aqua dest. spülen, mit Fließpapier leicht abtupfen.

6. Differenzieren. Die Präparate kurz in 96%igem Alkohol waschen.

7. Abspülen mit Aqua dest.

8. Einige Sekunden bis zu einer Minute färben und differenzieren in:

Orange G	1,0 g
Acid. tannic.	5,0 g
Aqua dest.	100 ml

9. Mit Aqua dest. spülen.

10. Trocknen.

Färbung der Elementarkörperchen nach E. PASCHEN.

Lösungen: LÖFFLER-Beize.

Acid. tannicum, 20%ige wäßrige Lösung	100 ml
Ferrosulfat ($FeSO_4 \cdot H_2O$), gesättigte wäßrige Lösung	50 ml
Fuchsin (Base), gesättigte alkoholische Lösung	10 ml

Die Mischung bleibt mehrere Tage bei Zimmertemperatur stehen und wird vor Gebrauch filtriert. Haltbar.

Carbolfuchsin.

Fuchsin, gesättigte alkoholische Lösung	10 ml
Aqua dest.	100 ml
Phenol liquefact.	5 ml

Haltbar.

Ausführung der Färbung.

1. Von dem infizierten Gewebe werden dünne Ausstriche oder Klatschpräparate auf mit Bichromat-Schwefelsäure gereinigten Objektträgern angefertigt. Die Ausstriche bzw. die Klatschpräparate müssen so dünn sein, daß die Zellen einzeln liegen.

2. Gut lufttrocknen lassen, 6—24 Std.

3. Objektträger senkrecht in eine Färbecuvette mit Aqua dest. eintauchen (5—15 min je nach Dicke des Ausstriches).

4. Lufttrocknen.

5. Fixieren in Methylalkohol, 5 min.

6. Lufttrocknen.

7. LÖFFLER-Beize, gut filtriert. Mit kleiner Flamme bis zur Dampfbildung erhitzen. Die Beize bleibt dann noch etwa 10 min auf dem Objektträger.

8. Abspülen mit Aqua dest. Die Beize muß vollständig entfernt werden.

9. Nachfärben mit Carbolfuchsin (ZIEHL) oder Carbolgentianaviolett. Die Farblösungen müssen sorgfältig filtriert und unverdünnt verwendet werden. Mit kleiner Flamme bis zur Dampfbildung erhitzen (etwa 1 min), den Farbstoff dann noch etwa 10 min einwirken lassen.

10. Abspülen mit Aqua dest., trocknen zwischen Fließpapier. Bei *Überfärbung* kurzes Eintauchen in absoluten Alkohol mit folgendem Nachspülen in Aqua dest.

Färbung der Elementarkörperchen nach HERZBERG.

Lösungen: Viktoriablau 3%ig.

6 g Viktoriablau, 4 R hochkonzentriert (Hoechst) wird in einem 500 ml ERLENMEYER-Kolben in 200 ml Aqua bidest. gelöst. Mehrfach im Laufe des Tages umschütteln. Am folgenden Tage wird die Lösung 1 Std im Wasserbad bei $+60^0$ C gehalten. Kolben 1—2mal durchschwenken. Langsam abkühlen lassen. Die Farblösung wird im gleichen Kolben aufbewahrt. Vor Gebrauch wird die benötigte Menge entnommen und filtriert.

Citronensäure 0,25 ml kaltgesättigter Citronensäurelösung wird in einem Reagensglas mit 5 ml der Farblösung gut durchmischt. Sofort verwenden.

Ausführung der Färbung.

1. Von dem infizierten Gewebe werden dünne Ausstriche bzw. Klatschpräparate auf mit Alkoholäther entfetteten Objektträgern hergestellt. Die Präparate müssen möglichst dünn sein, so daß die Gewebezellen einzeln liegen.

2. Gut lufttrocknen lassen, 24 Std.

3. Die Präparate werden vor der Färbung kurz in Aqua dest. getaucht.

4. Die noch feuchten Präparate werden mit der Farblösung bedeckt. Färbezeit 5—20 min.

5. Zweimal je 5 sec in Aqua dest. spülen.

6. Lufttrocknen lassen.

Färbung der Rickettsien nach Machiavello.

Diese Färbung wird für Ausstrich- und Tupfpräparate empfohlen. Ausgezeichnete Präparate werden von Dottersäcken erhalten, wenn diese zu einer etwa 10%igen Suspension in 0,85% NaCl verrieben und von dem Überstand dünne Ausstriche hergestellt werden.

Lösungen:

> *Fuchsin,* basisch, 0,25%ige Lösung in phosphatgepuffertem Aqua dest. (p_H 7,2—7,4).
> Die Farblösung wird vor Gebrauch filtriert.
> *Methylenblau,* wäßrige Lösung, $1/_2$—1%ig.

Ausführung der Färbung.

1. Die lufttrockenen Ausstriche werden in der Flamme fixiert.
2. Färben mit basischem Fuchsin, 4—6 min.
3. Kurz in Citronensäurelösung eintauchen (es wird eine 50%ige Citronensäurelösung in Aqua dest. hergestellt, von dieser Stammlösung werden 3 Tropfen 100 ml Aqua dest. zugesetzt. Diese Verdünnung ist jedesmal frisch zu bereiten).
4. In Aqua dest. spülen.
5. Gegenfärbung mit Methylenblau, 15—30 sec.
6. Mit Aqua dest. spülen, trocknen. Zellkerne tiefblau, Zellplasma hellblau, Rickettsien rot.

Färbung von Ausstrich- und Klatschpräparaten nach Castaneda.

Die Methylenblau-Formalinlösung fixiert das Präparat und färbt es blau. Durch die Safranin-Essigsäurelösung wird das Methylenblau des Plasmas und der Zellkerne ausgewaschen und mit Safranin gefärbt, während Rickettsien und die Viren der Lymphogranuloma inguinale-Psittakose-Gruppe ihre Blaufärbung beibehalten.

Lösungen: Puffer-Formaldehydlösung.

Kaliumphosphat (KH_2PO_4), 1 g gelöst in 100 ml Aqua dest.
Natriumphosphat ($Na_2HPO_4 \cdot 12\,H_2O$), 25 g gelöst in 900 ml Aqua dest.

Beide Lösungen werden gemischt, das p_H soll 7,5 betragen. Zusatz von 1 ml Formalin (40% Formaldehyd) als Konservierungsmittel.

Methylenblau 1%ig.

> Methylenblau 1%ige Lösung in Methylalkohol.

Safranin.

> Safranin, 0,2%ige wäßrige Lösung   1 Teil
> Essigsäure, 0,1%ige wäßrige Lösung   3 Teile

Vor Gebrauch mischen.

Ausführung der Färbung.

1. Von dem infizierten Gewebe werden sehr dünne Ausstriche bzw. Klatschpräparate angefertigt.

2. Lufttrocknen lassen.

3. Färben und fixieren, 3 min, mit:

20 ml Pufferlösung + 1 ml Formalin + 0,15 ml Methylenblaulösung 1%ig.

Farblösung 3 min einwirken lassen, abgießen, nicht waschen.

4. Gegenfärbung mit Safranin, 1—4 sec.

5. In fließendem Wasser abspülen, mit Fließpapier trocknen.

Färbung zum Nachweis der NEGRI-Körperchen nach SELLERS.

Die Färbung nach SELLERS ist für Tupfpräparate geeignet. Es ist keine vorherige Fixierung erforderlich.

Lösungen.

Fuchsin (Base), gesättigte Lösung in absolutem Methyl- alkohol (ungefähr 6,0 g je 100 ml)	2—4 ml
Methylenblau, gesättigte Lösung in absolutem Methyl- alkohol (ungefähr 1,5 g je 100 ml)	15 ml
Methylalkohol, absolut, acetonfrei	25 ml.

Die Methylenblaulösung wird mit dem Methylalkohol gemischt und 2 ml der Fuchsinlösung zugesetzt. Bei einer Probefärbung wird das Präparat wahrscheinlich zu blau sein. Es werden dann portionsweise je 0,5 ml der Fuchsinlösung zugesetzt bis bei der Probefärbung dünne Stellen des Präparates rötlich-violett gefärbt sind. Das richtige Mischungsverhältnis von Methylenblau und Fuchsin ist ausschlaggebend. Das Farbgemisch wird in einer Glasschliffflasche aufbewahrt und soll 2—3 Tage reifen. Haltbar.

Ausführung der Färbung. Die noch feuchten Tupfpräparate werden 2—3 sec (nicht länger als 5 sec) in die Farblösung getaucht und sofort mit Leitungswasser gespult. Die NEGRIkörperchen sind kirschrot gefärbt, die basophilen blaugefärbten Innenstrukturen sind gut erkennbar.

Literatur.

HERZBERG, K.: Viktoriablau zur Färbung von filtrierbarem Virus. Zbl. Bakter. I Orig. **131**, 358 (1934).

PINKERTON, H.: The morphology of viral inclusions and their practical importance in the diagnosis of human disease. Amer. J. Clin. Path. **20**, 201 (1950).

SCHMIDT, W.: Versuche zur Färbung von Virusarten mit Viktoriablau. Zbl. Bakter. I Orig. **136**, 260 (1936).

2. Die Züchtung der Viren und Rickettsien.

Viren vermehren sich nur innerhalb lebender Zellen empfänglicher Tierarten. Die Wirtsaffinitäten sind bei den einzelnen Virusarten verschieden, so zeigen manche ein breites Wirtsspektrum, während andere wiederum nur in einer Tiergattung Vermehrungsmöglichkeiten finden.

Viren können an Gewebe, das ihnen unter natürlichen Infektionsbedingungen fremd ist, adaptiert werden. Oft ist diese Adaptation mit einer Modifikation ihrer antigenen Struktur sowie ihrer Pathogenität verbunden.

Die Adaptation eines Virus erfordert oft mehrere „Blindpassagen". Das primär infizierte Tier zeigt keine Krankheitserscheinungen und erst, wenn Material dieses Tieres auf ein anderes weiterverimpft wird, treten sie in dieser oder erst in weiteren Passagen auf. Bei der Beurteilung derartiger durch „Blindpassagen" gewonnener Stämme ist Vorsicht notwendig, um nicht primär schon latent im Laboratoriumstier vorhandene Erreger als im Untersuchungsmaterial vorhanden anzusprechen. Ähnliche Verhältnisse liegen auch bei der Adaptation an das bebrütete Hühnerei vor, nur daß hier naturgemäß Fehldeutungen weniger leicht vorkommen.

Folgende Methoden werden angewendet, um Viren und Rickettsien zu züchten:

1. Züchtung im Laboratoriumstier,
2. Züchtung im bebrüteten Hühnerei,
3. Züchtung in der Gewebekultur.

a) Die Viruszüchtung im Laboratoriumstier.

Bei allen Versuchen mit Laboratoriumstieren ist zu beachten, daß diese latent mit einem Virus infiziert sein können, das dann durch die künstlich gesetzte Infektion aktiviert werden kann. Es sind bei der Maus mindestens 6 spontane Viruserkrankungen bekannt (Ektromelie, lymphocytäre Choriomeningitis, Encephalomyelitis Theiler, Pneumonievirus Horsfall, sowie mindestens 2 Viren der Psittacosisgruppe), beim Kaninchen das Virus III, und ebenso sind beim Meerschweinchen natürliche Virusinfektionen beobachtet worden.

Es muß auch stets mit der Möglichkeit gerechnet werden, daß die künstlich infizierten Tiere zufällig im Ablauf des Versuches mit anderen Erregern infiziert werden können. Es sind daher Vorsichtsmaßnahmen zu treffen, um vor derartigen Zufällen möglichst gesichert zu sein.

Die Haltung der infizierten Tiere muß von den Vorratstieren getrennt erfolgen, ebenso müssen die mit einer Virusart infizierten von solchen, die mit einer anderen Virusart infiziert sind, abgetrennt sein. Die

Wartebedingungen sind so einzurichten, daß die einzelnen Gruppen durch verschiedene Personen gepflegt werden. Käfige, in welchen infizierte Tiere gehalten wurden, dürfen nur nach Sterilisation im Autoklav wieder verwendet werden. Nur bei Beachtung dieser Regeln läßt es sich vermeiden, daß Mischinfektionen auftreten oder die Vorratstiere infiziert werden.

Alle infizierten Tiere werden täglich 2mal auf das Auftreten von Krankheitserscheinungen, entsprechend der Inkubationszeit des betreffenden Virus, untersucht. Manche Virusinfektionen rufen nur geringe, flüchtige klinische Erscheinungen hervor, die leicht übersehen werden.

Empfänglichkeit der Laboratoriumstiere für verschiedene Virusarten.

Virusart	*Infektionsmodus*
Coxsackie	Saugende Maus (1—4 Tage alt) (intracerebral, intraperitoneal, subcutan)
Herpes simplex	Kaninchen (corneal, intracerebral), Maus (intracerebral) saugende Maus (intracerebral, subcutan, intraperitoneal)
Pocken, Vaccine	Kaninchen (corneal)
Poliomyelitis (humane Stämme)	M. cynomolgus, M. rhesus (intracerebral, nasal, intraperitoneal), P. satyrus (oral)
Lymphogranuloma inguinale	Maus (intracerebral) M. cynomolgus (intracerebral)
Psittacosis	Maus (intranasal, intraperitoneal)
Influenza	Maus, Hamster, Frettchen (intranasal)
Mumps	M. rhesus (intracerebral, in den Ductus paroticus)
Lymphocytäre Choriomeningitis	Maus (intracerebral), Meerschweinchen (intracerebral, intraperitoneal, subcutan)
Tollwut	Maus (intracerebral)
St. Louis Encephalitis Jap. B-Encephalitis Am. Pferdeencephalitis Ost und Westtyp	Maus (intracerebral) saugende Maus (intracerebral, subcutan, intraperitoneal)
Rickettsien	Meerschweinchen (intraperitoneal)

Alle Tiere mit Krankheitserscheinungen, sowie solche, die während der Beobachtungsperiode sterben, werden seziert und histologisch untersucht, ebenso wie alle überlebenden Tiere, die später getötet werden. Es ist nicht ratsam, Tiere, die bei einem Versuch überleben, für andere Versuche wieder zu verwenden.

Viele Virusarten sind für den Menschen hochpathogen. Es sind daher bei Tierversuchen mit diesen Viren besondere Vorsichtsmaßnahmen (intranasale Impfung!) zu treffen, um Laboratoriumsinfektionen zu vermeiden.

Die getöteten und sezierten Versuchstiere werden durch Verbrennung vernichtet.

b) Die Viruszüchtung im bebrüteten Hühnerei.

Die Viruszüchtung im bebrüteten Hühnerei wurde von WOODRUFF und GOODPASTURE im Jahre 1931 erstmals angewendet, um Geflügelpockenvirus auf der Chorioallantoismembran zu züchten. Seit dieser Zeit wurde die Viruszüchtung im bebrüteten Hühnerei mit fast allen menschenpathogenen Virusarten versucht und es gelang bei den meisten, durch entsprechende Wahl des Verimpfungsweges und des Alters der Embryonen, eine Vermehrung zu erzielen. Die Ursache, warum der Hühnerembryo für viele Virusarten empfänglich ist, für die das Huhn absolut resistent ist, ist unbekannt.

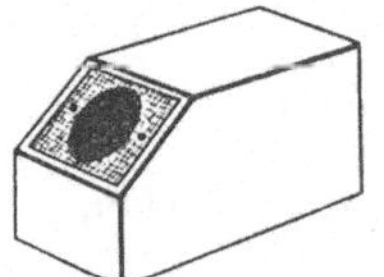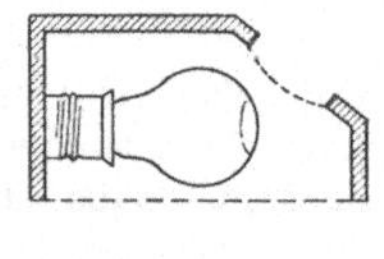

Abb. 1. Durchleuchtungskasten für bebrütete Hühnereier.

Die Viruszüchtung im bebrüteten Hühnerei bietet Vorteile, da die Technik relativ einfach ist und latente Virusinfektionen, wie sie bei Laboratoriumstieren vorkommen, nicht zu befürchten sind. Außerdem können Eier jederzeit in genügender Menge beschafft werden und eine Wartung, wie sie bei den Laboratoriumstieren erforderlich ist, fällt fort.

Die Eier weißer Leghornhühner, die von einer Brutfarm bezogen werden, bleiben nach dem Transport etwa 1—2 Tage bei Zimmertemperatur liegen. Die Eier sollen innerhalb 2—5 Tagen nach dem Legen bebrütet werden. Sie werden nicht gewaschen, nicht gesäubert und in entsprechenden Gestellen entweder in horizontaler oder vertikaler Lage, je nach der beabsichtigten Impfart, bebrütet. Zur Bebrütung kann ein Laboratoriumsbrutschrank verwendet werden, es muß nur durch das Aufstellen einer mit Wasser gefüllten Schale für eine ausreichende Luftfeuchtigkeit von etwa 60% gesorgt werden. Die Bebrütungstemperatur beträgt 38—38,5° C. Am 5. Tag der Bebrütung werden die Eier durchleuchtet und die nicht befruchteten, sowie solche, bei denen der Embryo abgestorben ist, ausgesondert. Spontane Bewegungen des Embryos und deutlich sichtbare Blutgefäßschatten sind die besten Kriterien dafür, daß der Embryo lebt. Nach einer Vorbebrütung von 5—13 Tagen — sie richtet sich, ebenso wie die Bebrütungstemperatur, nach der Virusart und nach dem Infektionsweg — werden die Eier infiziert. Die Impfung erfolgt entweder n die Amnionhöhle, in die Allantoishöhle, in den Dottersack oder auf die Chorioallantoismembran. Nach der Infektion werden die Eier je nach verimpfter Virusart bei einer Temperatur von 35—36⁰ C 1—6 Tage nachbebrütet, um eine maximale Vermehrung des Virus zu erzielen. Während dieser Zeit werden die Eier 1 — 2mal täglich durchleuchtet und solche, bei denen der Embryo abgestorben ist, ausgesondert. Die Gewinnung des virushaltigen Materials ist unterschiedlich und richtet sich nach dem Infektionsweg. Von dem gewonnenen Material werden jeweils Sterilitätsproben auf aerobe und anaerobe Bakterien angesetzt.

Wie aus der Tabelle hervorgeht, vermehrt sich eine gegebene Virusart maximal nur in bestimmten Embryonalgeweben und in einer engbegrenzten Zeitspanne der embryonalen Entwicklung.

Tabelle 2.

Virusart	Infektionsweg	Bebrütung vor Infektion (38—38,5°C) Tage	Bebrütung nach Infektion (35—36⁰ C) Tage
Herpes simplex	Chorioallantoismembran	12—13	2—3
Pocken, Vaccine.	Chorioallantoismembran	12—13	3
Influenza	Amnionhöhle[1]	13	4—5
	Allantoishöhle	10—12	2—3
Mumps	Amnionhöhle[1]	7	5—7
	Allantoishöhle	7—8	6—7
Psittakose	Dottersack	6—7	3—6
Lymphogranuloma inguinale .	Dottersack	6	5—9
Rickettsien	Dottersack	5—7	5—9

[1] Nichtadaptierte Stämme.

Impfung auf die Chorioallantoismembran. I.

Die Eier werden in vertikaler Lage 9—13 Tage bebrütet und während dieser Zeit nicht gewendet.

Beimpfung.

1. Das Ei wird durchleuchtet und die Grenze der Luftblase angezeichnet.

2. An der Seite, an welcher der Embryo liegt, wird nach Desinfektion mit Jodalkohol über der Luftblase in etwa 3 mm Abstand von der Luftblasengrenze ein quadratisches Fenster (etwa 1 × 1 cm) aus der Eischale geschnitten. Das Fenster kann entweder mit einer Ampullenfeile aus der Eischale gesägt werden oder es wird eine zahnärztliche Bohrmaschine mit einer Korundscheibe verwendet. Das ausgesägte Stück der Eischale wird mit einer ausgeglühten Stahlnadel von der darunterliegenden Schalenhaut abgehoben.

3. Das Ei wird mit der Luftblase nach oben auf den Durchleuchtungskasten gelegt und von unten durchleuchtet. Die Schalenhaut, welche unter dem Fenster der Eischale liegt, wird mit einer spitzen gebogenen Pinzette entfernt.

4. Mit einer gebogenen Pinzette wird vorsichtig ein kleines Stück in der Mitte der Schalenhaut am Boden der Luftblase eingerissen und entfernt. Die darunterliegenden Gefäße der Chorioallantoismembran dürfen nicht verletzt werden.

5. Auf den Teil der Chorioallantoismembran, welcher freiliegt, wird ein Tropfen der Virussuspension gegeben.

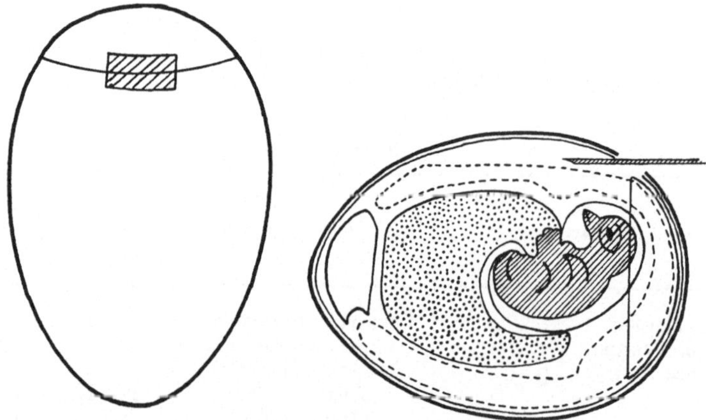

Abb. 2. Impfung auf die Chorioallantoismembran. Methode II.

6. Verschluß des Fensters in der Eischale mit einem Cellophanklebestreifen.

7. Das Ei wird in vertikaler Lage nachbebrütet.

Impfung auf die Chorioallantoismembran. II.

Die Eier werden in horizontaler Lage 12—13 Tage bebrütet und täglich 2—3mal gewendet, um eine gleichmäßige Entwicklung der Chorioallantoismembran zu erzielen.

Beimpfung.

1. Das Ei wird durchleuchtet und die Grenze der Luftblase an der Seite der Eischale angezeichnet, an der die Chorioallantoismembran gut entwickelt ist.

2. Aus der Eischale wird ein Rechteck ausgeschnitten, das etwa 1 cm lang und 0,5 cm breit ist. Dieses Rechteck soll so liegen, daß die Luftblasengrenze es in seiner Längsachse halbiert. Nach Desinfektion mit Jodalkohol wird das ausgesägte Stück der Eischale mit einer ausgeglühten Stahlnadel abgehoben. Die darunterliegende Schalenhaut darf nicht verletzt werden.

3. Die äußere Schalenhaut wird mit einer spitzen gebogenen Pinzette im Bereich des Fensters entfernt. An der Grenze der Luftblase hat die innere Schalenhaut eine etwa 1 mm breite Umschlagfalte, die den Rand der Luftblase markiert. Die Schalenhaut wird entlang dieser Falte mit einer spitzen Pinzette vorsichtig eingerissen. Während das Ei bislang horizontal gehalten wurde, wird es nun gekippt, so daß die Luftblase nach unten zeigt. Durch leichtes Klopfen an die Schale wird die Trennung der Chorioallantoismembran von der Schalenhaut erleichtert. Der natürliche Luftsack ist nun von dem Eiinhalt ausgefüllt und ein künstlicher Luftsack unter dem Fenster zwischen der Schalenhaut und der Chorioallantoismembran geschaffen.

4. Nach Verlagerung der Luftblase wird das Ei wieder horizontal gehalten und die Virussuspension durch das Fenster auf die Chorioallantoismembran geimpft. Das Ei wird nach allen Seiten etwas bewegt, um das Inoculum gleichmäßig auf der Chorioallantoismembran zu verteilen.

5. Das Fenster in der Eischale wird mit einem entsprechend großen Cellophanklebestreifen verschlossen. Das Ei wird mit dem Fenster nach oben, ohne zu wenden, nachbebrütet.

Impfung auf die Chorioallantoismembran. III.

Die Eier werden in horizontaler Lage 12—13 Tage bebrütet und täglich 2—3mal gewendet, um eine gleichmäßige Entwicklung der Chorioallantoismembran zu erzielen.

Beimpfung.

1. Das Ei wird durchleuchtet und die Luftblasengrenze auf der Eischale angezeichnet. Ein gleichseitiges Dreieck mit einer Seitenlänge von etwa 1,0 cm wird an der Stelle auf der Eischale angezeichnet, an welcher die Chorioallantoismembran gut entwickelt ist. Dies ist gewöhnlich dort, wo der Embryo liegt.

2. Die Eischale wird entsprechend dem angezeichneten Dreieck ausgeschnitten und mit einem spitzen ausgeglühten Stahlgriffel ein kleines Loch durch Schale und Schalenhaut in der Mitte über der Luftblase gebohrt.

3. Mit einer spitzen ausgeglühten Stahlnadel wird das ausgeschnittene Dreieck abgehoben und entfernt. Die darunterliegende Schalenhaut darf nicht verletzt werden.

4. Die Schalenhaut wird mit einer ausgeglühten spitzen Stahlnadel entsprechend dem schrägen Faserverlauf der Haut leicht geschlitzt. Die dicht darunterliegende Chorioallantoismembran darf nicht verletzt werden.

5. Die Schlitzung der Schalenhaut genügt oft, um den Inhalt des Eies so zu verlagern, daß der natürliche Luftsack ausgefüllt und ein künstlicher Luftsack unter dem Fenster geschaffen wird. Verlagert sich der Eiinhalt nicht spontan, so kann durch leichtes Saugen mit einem Gummihütchen über dem Loch der Luftblase die Verlagerung herbeigeführt werden.

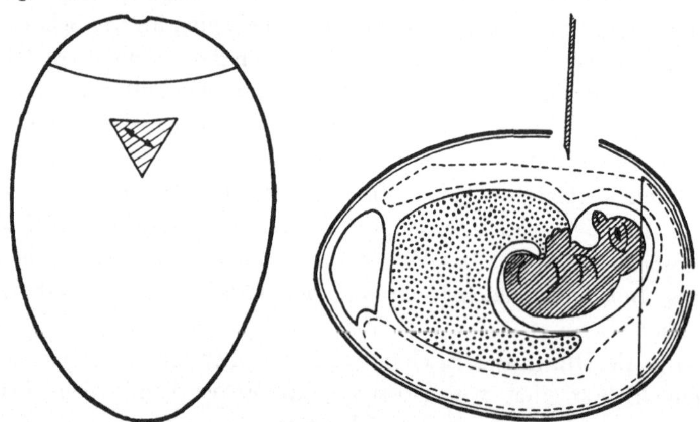

Abb. 3. Impfung auf die Chorioallantoismembran. Methode III.

6. Nach Verlagerung der Luftblase wird die Chorioallantoismembran durch das dreieckige Fenster beimpft. Das Ei wird nach allen Seiten etwas bewegt, um das Inoculum gleichmäßig auf der Chorioallantoismembran zu verteilen.

7. Das Fenster in der Eischale wird mit einem Cellophanklebestreifen verschlossen. Der Klebestreifen wird in der Mitte gefaltet und in die Falte ein kleines Loch gestochen, so daß der künstliche Luftsack mit der Außenluft kommuniziert. Hierdurch bleibt der künstliche Luftsack während der Nachbebrütungszeit erhalten.

Das Ei wird mit dem Fenster nach oben, ohne zu wenden, nachbebrütet.

Impfung in die Amnionhöhle.

Die Eier werden in vertikaler Lage 8—12 Tage bebrütet und während dieser Zeit nicht gewendet.

Beimpfung:

1. Das Ei wird durchleuchtet und die Grenze der Luftblase, und die Lage des Embryos auf der Eischale angezeichnet. Es werden nur solche Eier verwendet, bei welchen sich der Embryo genau lokalisieren läßt und dicht am Rand der Luftblase liegt.

2. An der Seite, an welcher der Embryo liegt, wird nach Desinfektion mit Jodalkohol über der Luftblase in etwa 3 mm Abstand von der

Luftblasengrenze ein quadratisches Fenster von 1×1 cm aus der Eischale geschnitten. Das ausgesägte Stück der Eischale wird mit einer ausgeglühten Stahlnadel von der darunterliegenden Schalenhaut abgehoben.

3. Das Ei wird mit der Luftblase nach oben auf den Durchleuchtungskasten gelegt und von unten durchleuchtet. Die Schalenhaut unter dem quadratischen Fenster wird mit einer spitzen gebogenen Pinzette entfernt.

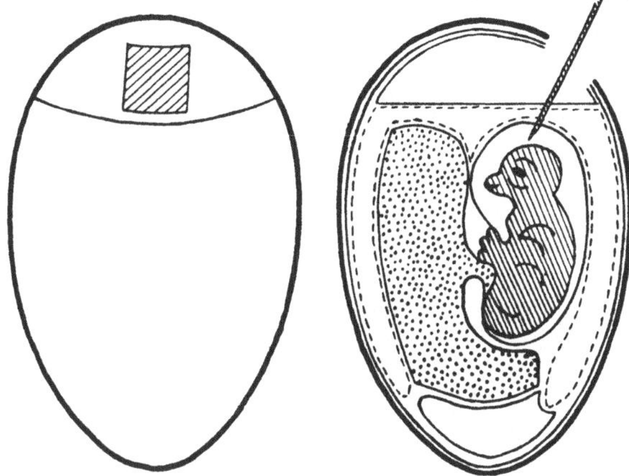

Abb. 4. Impfung in die Amnionhöhle.

4. Mit einer spitzen gebogenen Pinzette wird ein kleines Stück der Schalenhaut am Boden der Luftblase entfernt. Dieses Loch in der Schalenhaut wird nach und nach vergrößert, bis der Embryo innerhalb des Amnionsackes unter der Chorioallantoismembran sichtbar wird. Die Gefäße der dicht unter der Schalenhaut liegenden Chorioallantoismembran dürfen nicht verletzt werden.

5. Durch eine gefäßlose Stelle der Chorioallantoismembran wird der Amnionsack mit einer gebogenen Pinzette gefaßt und mit sehr scharfer Kanüle die Virussuspension in einer Menge von 0,1—0,2 ml unter direkter Sicht in die Amnionhöhle injiziert.

6. Verschluß des Fensters in der Eischale mit einem Cellophanklebestreifen.

7. Das Ei wird in vertikaler Lage nachbebrütet.

Impfung in die Allantoishöhle.

Die Eier werden in vertikaler Lage 8—12 Tage bebrütet und während dieser Zeit nicht gewendet.

Beimpfung.

1. Das Ei wird durchleuchtet und auf der Eischale ein Punkt angezeichnet, an welchem die Chorioallantoismembran gut entwickelt,

aber frei von Blutgefäßen ist. Dieser Punkt soll vom Embryo bzw.
der Amnionhöhle entfernt sein und etwa 0,5—1 cm unterhalb der
Luftblasengrenze liegen. Desinfektion mit Jodalkohol.

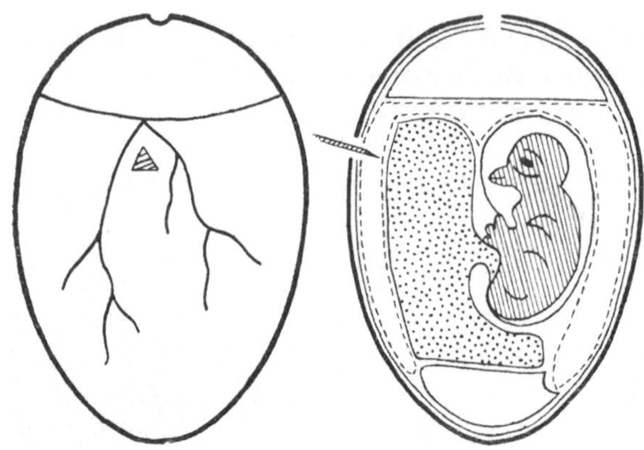

Abb. 5. Impfung in die Allantoishöhle.

2. Über der angezeichneten Stelle wird ein kleines dreieckiges
Fenster aus der Eischale geschnitten und die Schale mit einer ausgeglühten Stahlnadel abgehoben. Die darun-
terliegende Schalenhaut darf nicht verletzt
werden.

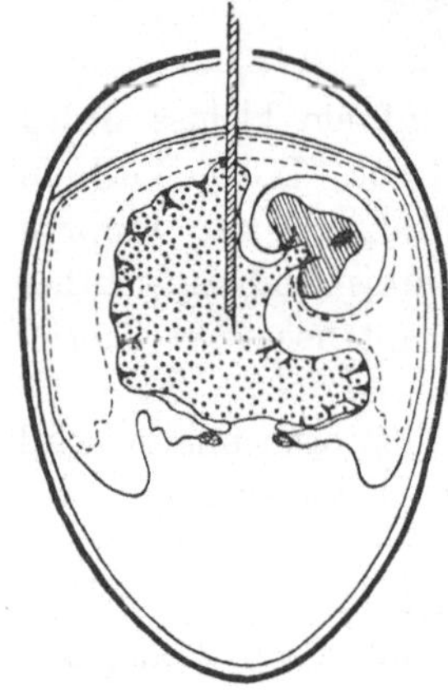

Abb. 6. Impfung in den
Dottersack.

3. In der Mitte über der Luftblase wird
mit einem ausgeglühten Stahlgriffel ein
kleines Loch durch Schale und Schalenhaut
gebohrt. Dieses dient zum Druckausgleich,
wenn in die Allantoishöhle 0,1 ml und mehr
injiziert werden soll.

4. Die Suspension wird mit einer scharfen
Kanüle durch Schalenhaut und Chorioallantoismembran in einer Tiefe von etwa 3 mm
in die Allantoishöhle injiziert. Es kann bis
zu 0,5 ml verimpft werden.

5. Das Loch in der Mitte über der Luftblase
wird mit Paraffinvaseline verschlossen, das
dreieckige Fenster mit einem Cellophanklebestreifen. Die Eier werden
in vertikaler Lage nachbebrütet.

Impfung in den Dottersack.

Die Eier werden in vertikaler Lage 5—7 Tage bebrütet und während
dieser Zeit nicht gewendet.

Beimpfung.

1. Nach Desinfektion mit Jodalkohol wird mit einem ausgeglühten Stahlgriffel ein kleines Loch über der Mitte der Luftblase durch die Eischale und die darunterliegende Schalenhaut gebohrt.

2. Eine Kanüle wird entsprechend der Längsachse des Eies senkrecht in die Mitte, etwa 3—3,5 cm tief, eingeführt und die Virussuspension — bis zu 1,0 ml — injiziert.

3. Das Loch in der Eischale wird mit Paraffinvaseline verschlossen und das Ei in horizontaler oder vertikaler Lage nachbebrütet.

Gewinnung des virushaltigen Materials.

Allantoisflüssigkeit.

1. Die Eier werden nach Abschluß der Bebrütung 4—18 Std bei Eisschranktemperatur gehalten, um die Embryonen abzutöten und beim Öffnen der Eier eine Blutung aus den Gefäßen zu verhindern.

2. Die Eischale über der Luftblase wird mit Jod-Alkohol desinfiziert und mit der darunterliegenden Schalenhaut mittels einer spitzen Schere bis etwa 5 mm über der Luftblasengrenze entfernt.

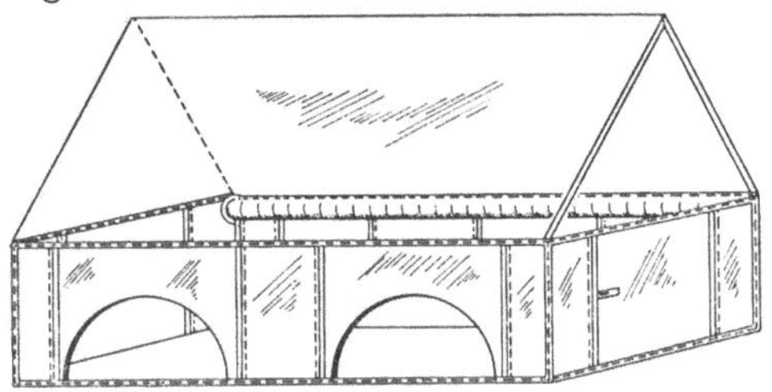

Abb. 7. Impfkapelle mit ultraviolettem Licht zur keimfreien Entnahme der Eiflüssigkeiten.

3. Die Schalenhaut und die darunterliegende Chorioallantoismembran am Boden der Luftblase werden mit einer gebogenen Pinzette eingerissen und die Allantoisflüssigkeit mit einer Pipette abgesaugt. Der Embryo und die Häute werden mit einer Pinzette von der Pipettenspitze abgehalten. Die Menge der Allantoisflüssigkeit ist unterschiedlich; es können im Durchschnitt bei einem 12 Tage alten Embryo 5 ml gewonnen werden.

Amnionflüssigkeit.

1. Die Allantoisflüssigkeit wird, wie oben beschrieben, entfernt.

2. Das Ei wird nun fast horizontal gekippt, so daß der Embryo auf dem Dottersack liegt. Die über dem Embryo liegende Eischale, Schalenhaut und Chorioallantoismembran werden mit einer Schere entfernt.

3. Mit einer scharfen Capillarpipette wird der Amnionsack punktiert und die Amnionflüssigkeit abgesaugt. Bei 12 Tage alten Embryonen können durchschnittlich 0,25—0,50 ml gewonnen werden.

Dotter.

1. Entfernen der Schale über dem Luftsack wie oben beschrieben. Mit einer Pinzette werden die Schalenhaut und die Chorioallantoismembran am Boden der Luftblase eingerissen.

2. Mit einer Capillarpipette wird der Dottersack punktiert und der Dotter abgesaugt.

Dottersackmembran.

1. Entfernen der Schale, Schalenhaut und Chorioallantoismembran wie oben beschrieben.

2. Das Ei wird gekippt und sein Inhalt in eine sterile PETRI-Schale gegossen. Der Dottersack wird mit einer Schere herausgeschnitten und auf ein grobmaschiges Sieb gebracht, um den Dotter abtropfen zu lassen. Der Eiinhalt kann auch direkt auf ein grobmaschiges Sieb entleert werden, es werden dann der Embryo, der Dottersack und die Häute zurückgehalten.

Embryo.

1. Entfernen der Eischale, Schalenhaut und Chorioallantoismembran wie oben beschrieben.

2. Der Eiinhalt wird in eine sterile PETRI-Schale entleert. Der Embryo wird mit einer Pinzette herausgenommen, nachdem der Amnionsack geöffnet und die Verbindung des Embryos zum Dottersack durchschnitten ist.

Chorioallantoismembran.

1. Nach Desinfektion mit Jodalkohol werden die Schale und Schalenhaut über der künstlichen Luftblase mit einer Schere weggeschnitten, um die Chorioallantoismembran freizulegen. Die Membran wird im Bereich der künstlichen Luftblase mit einer Schere ausgeschnitten.

Bei Beimpfung der Chorioallantoismembran am Boden der natürlichen Luftblase wird die Eischale über der Luftblase entfernt.

2. Die Membran wird in einer PETRI-Schale mit steriler physiologischer Kochsalzlösung gewaschen und die überschüssige Flüssigkeit mit sterilem Filtrierpapier abgesaugt. Die morphologischen Veränderungen der Membran werden bei Betrachtung gegen einen dunklen Untergrund deutlich.

Literatur.

ANGELA, G. C.: Documentazione fotografica delle tecniche d'inoculazione intra-amniotica ed intra-allantoidea per l'isolamento e la coltura del virus influenzale. Minerva med. 42, II, 46/47.

BEVERIDGE, W. I. B.: Simplified techniques for inoculation chick embryos and a means of avoiding egg white in vaccines. Science (Lancaster, Pa.) 106, 324 (1947). — BEVERIDGE, W. I. B., and F. M. BURNET: The cultivation of viruses and rickettsiae in the chick embryo. Spec. Rep. S. Med. Res. Coun., No 256. London 1946. — BUDDINGH, C. J.: The culture and effects of viruses in chick embryo cells. In "The pathogenesis and pathology of viral diseases", herausgeg. von J. G. KIDD, New York 1950.

CUNNINGHAM, CHARLES H.: A laboratory guide in virology. Minneapolis, Minnesota: Burgess Publishing Co. 1948.

WOODRUFF, A. M., and E. W. GOODPASTURE: The susceptibility of the chorio-allantoic membrane of chick embryos to infection with Fowl-Pox virus. Amer. J. Path. 7, 209 (1931).

c) Die Viruszüchtung in der Gewebekultur.

Viele menschenpathogene Virusarten vermehren sich in Gewebezellen, die nach den Methoden der Gewebezüchtung kultiviert sind. Die Art des zu verwendenden Gewebes wechselt je nach der Virusart.

Die Technik der Gewebekultur ist in den letzten Jahren vereinfacht worden und dadurch auch dem allgemeinen Viruslaboratorium zugänglich. Die Hauptschwierigkeit, die in der Ausschaltung bakterieller Infektionen bestand, ist durch den regelmäßigen Zusatz von Penicillin und Streptomycin sowie Sulfonamiden zum Nährmedium weitgehend beseitigt. Die Einführung der Rollkulturtechnik durch GEY zeigt Vorteile gegenüber den früher fast ausschließlich verwendeten Flaschen- und Deckglaskulturen. Das häufige Umsetzen der Kulturen ist nicht notwendig und in gewissen Modifikationen ist diese Technik auch gut zu cytologischen Studien verwendbar.

Obwohl eine einwandfreie Prüfung der Cytotropie verschiedener Virusarten nur an Zellreinkulturen erfolgen kann, sind, da die Gewinnung und Haltung solcher Stämme meist schwierig ist, fast alle Untersuchungen mit Mischkulturen durchgeführt worden.

Die angeführten Grundtechniken sind für die Züchtung aller Typen animalen Gewebes anwendbar.

Gewebe.

Das zu kultivierende Gewebe wird sofort nach der Tötung des Tieres aseptisch entnommen, auf ein Uhrglas gebracht und in wenig 10%iger Serum-Salzlösung mit einer feinen gebogenen Schere zerschnitten. Die einzelnen Gewebestückchen sollen nicht größer als 1—2 mm³ sein. Sie werden dann mit einer weiten Capillarpipette aufgesaugt und in ein spitzes graduiertes Zentrifugenröhrchen gegeben, worin die Gewebefragmente schnell sedimentieren. Die überstehende Flüssigkeit wird mit einer feinen Capillarpipette abgesogen und das Gewebe auf diese Weise 3mal mit einem Überschuß von Serum-Salzlösung gewaschen. Soll das Gewebe nach der Methode von MAITLAND kultiviert werden, so wird eine 33%ige Gewebesuspension in Serum-Salzlösung hergestellt.

Wenn das Gewebe nicht sofort weiter verarbeitet werden kann, ist es möglich, die kleingeschnittenen Gewebefragmente in einer 10%igen Normalserum-Salzlösung mehrere Tage bei +4 bis +8° C aufzubewahren. Sie sollen in einem ERLENMEYER-Kolben, dessen Boden mit der Suspension eben bedeckt ist, aufbewahrt werden, um eine ausreichende Sauerstoffversorgung zu sichern.

Salzlösung.

Von der Vielzahl der angegebenen Salzlösungen seien die Lösungen nach HANKS und TYRODE angeführt.

Salzlösung nach HANKS.

Konzentrierte Vorratslösung.

Aqua bidest.	1000,0 g	$CaCl_2$, wasserfrei	1,4 g
NaCl	80 g	$Na_2HPO_4 \cdot 2 H_2O$	0,6 g
KCl	4 g	KH_2PO_4	0,6 g
$MgSO_4 \cdot 7 H_2O$	1 g	Glucose	10,0 g
$MgCl_2 \cdot 6 H_2O$	1 g	Chloroform	4,0 ml.

Dieser Vorratslösung, welche bei +4° C aufbewahrt wird, werden 100 ml einer 0,2%igen gefilterten wäßrigen Lösung von Phenolrot zugesetzt. (Zu je 0,1 g des Farbstoffes werden 2,82 ml 0,1 n NaOH zugegeben, im Mörser verrieben bis der Farbstoff völlig gelöst ist, dann mit Aqua bidest. auf das entsprechende Volumen aufgefüllt.)

Zum Gebrauch werden einem Teil der konzentrierten Vorratslösung 9 Teile doppelt-destilliertes Wasser zugesetzt. Die verdünnte Salzlösung wird bei 115° C (0,75 atü) 10 min im Autoklav sterilisiert.

Zu je 40 ml der Salzlösung wird 1 ml einer 1,4%igen (isotonischen) Natriumbicarbonatlösung ($NaHCO_3$) zugesetzt. Die Natriumbicarbonatlösung wird gleichfalls bei 115° C (0,75 atü) im Autoklav sterilisiert. Das p_H der Salzlösung soll zwischen 7,4—7,6 liegen.

Salzlösung nach TYRODE.

Aqua bidest.	950 ml	$CaCl_2$, wasserfrei	0,2 g
Phenolrot, 0,4%ig	5 ml	$MgCl_2 \cdot 6 H_2O$	0,1 g
NaCl	8,0 g	$NaH_2PO_4 \cdot 2 H_2O$	0,05 g
KCl	0,2 g	Glucose	1,0 g

Die Salze werden der Reihenfolge nach aufgelöst, das nächste Salz erst zugegeben, wenn das vorherige gelöst ist.

Natriumbicarbonatlösung.

Aqua bidest.	150 ml	$NaHCO_3$	0,7 g

Der Flüssigkeitsstand wird in beiden Kolben angezeichnet und diese mit einem mit Zellophan überzogenen Korkstopfen verschlossen. Beide Flüssigkeiten werden getrennt im Autoklav bei 1,2 atü 30 min sterilisiert.

Nach der Sterilisation und dem Abkühlen der Flüssigkeiten wird der Korkstopfen durch einen mit Zellophan überzogenen Gummistopfen ersetzt, da der Luftzutritt bei natriumbicarbonathaltigen Lösungen zu einem Verlust von Kohlensäure führt. Beide Flüssigkeiten werden bei $+4^0$ C aufbewahrt.

Zur Züchtung von Hühnergewebe werden 150 ml Natriumbicarbonatlösung der Salzlösung zugesetzt und ein p_H von etwa 7,8 erreicht. Bei der Züchtung von Säugetiergewebe werden der Salzlösung 100 ml Natriumbicarbonatlösung zugesetzt und ein p_H von etwa 7,4 erreicht, welcher für Säugetiergewebe optimal ist (CAMERON).

Serum.

Für alle Gewebearten eignet sich Pferdeserum. Das Blut wird in hohen sterilen Standzylindern aufgefangen. Nach Beginn der Gerinnung bleibt das Gefäß ruhig und kühl stehen und nach etwa 2 Std wird mit einem sterilen Glasstab der Blutkuchen von der Gefäßwand gelöst. Das Gefäß wird dann in den Eisschrank gestellt. Das Absetzen des Serums kann durch Auflegen eines durchlöcherten Gewichtes aus nichtrostendem Stahl gefördert werden. Sobald sich das Fibrin retrahiert und freies Serum am Rande des Zylinders erscheint, wird das dem Zylinder angepaßte Gewichtsstück langsam auf das geronnene Blut gesetzt. Der Zylinder bleibt 48—72 Std im Eisschrank, das Serum wird dann mit einer großen Vollpipette abgesaugt. Die Sterilisation des Serums erfolgt durch Filtration durch ein Seitz-EKS-Filter unter Druck. Das in Ampullen steril abgefüllte Serum bleibt bei $—70^0$ C aufbewahrt viele Monate verwendungsfähig. Das Serum wird vor Gebrauch 30 min bei $+56^0$ C im Wasserbad inaktiviert, kann aber auch aktiv verwendet werden. Jedes Serum ist auf seine Brauchbarkeit (toxischer Effekt) zu prüfen.

Embryonalextrakt.

Der Embryonalextrakt wird von 9 Tage alten Hühnerembryonen gewonnen. Die Embryonen werden aseptisch entnommen und in Salzlösung gewaschen. Je Embryo werden 2 ml TYRODE- oder HANKS-Salzlösung zugegeben und die Embryonen im „Starmix" zerkleinert. Laufzeit etwa 2—3 min. Die Suspension bleibt 30 min bei Zimmertemperatur stehen und wird durch Zentrifugieren 30 min bei 3000 bis 4000 Umdrehungen je Minute geklärt. Der überstehende Embryonalextrakt wird mit einer Pipette abgehoben, abgefüllt und in einem Alkoholtrockeneisbad 2mal schnell gefroren und wieder aufgetaut. Es bildet sich ein Niederschlag, der abzentrifugiert wird. Der frische in Ampullen abgefüllte Embryonalextrakt ist bei $—70^0$ C mehrere Monate haltbar. Bei Aufbewahrung in flüssiger Form bei $+4^0$ C ist seine Haltbarkeit auf etwa 8 Tage beschränkt. Vor der Verwendung wird der aufgetaute Embryonalextrakt 20 min bei 2000 Umdrehungen zentrifugiert. Der Überstand entspricht einem Extrakt einer 50%igen Suspension der Hühnerembryonen.

Rinderembryonalextrakt wird von 60—90 Tage alten Embryonen auf gleiche Weise bereitet. Es wird ein gleiches Volumen (g/Vol) Salzlösung zugesetzt.

Plasma.

Das Plasma wird von 4—8 Monate alten Hähnen gewonnen. Das Tier muß vor der Blutentnahme 24—36 Std hungern, erhält aber viel Wasser.

Wird viel Plasma benötigt, so wird das Tier aus einer Arteria carotis unter leichter Äthernarkose entblutet. Das Blut wird in paraffinierten eiskalten Zentrifugengläsern aufgefangen. Es muß direkt aus dem Gefäß in das Glas fließen, ohne mit Gewebe in Berührung zu kommen. Das Blut wird in der Kälte bei 2000 Umdrehungen 20 min zentrifugiert, das Plasma mit einer Pipette abgehoben und in mit Gummistopfen verschlossenen paraffinierten Röhrchen aufbewahrt.

Bei Entnahme aus einer Flügelvene oder einer V. jugularis können etwa 10—20 ml Blut gewonnen werden.

Die Gerinnung des Plasmas kann durch Heparin verhindert werden. Das in 0,85% NaCl-Lösung gelöste Heparin (1 mg/1 ml) kann im Dampftopf sterilisiert werden; 0,2 ml der Heparinlösung sind für 5 ml Blut ausreichend.

Das Plasma wird entweder bei $+4^0$ C oder besser bei —70⁰ C aufbewahrt. Im Handel erhältliches gefriergetrocknetes Plasma ist fast unbegrenzt haltbar.

Zusatz von Antibiotica zum Nährmedium.

Als Schutz vor akzidentellen bakteriellen Infektionen können dem Nährmedium Penicillin und Streptomycin zugesetzt werden. Trotzdem müssen alle Arbeiten mit Gewebekulturen unter einwandfrei sterilen Bedingungen durchgeführt werden. Penicillin und Streptomycin werden in Tyrode-Lösung gelöst und dem Nährmedium in solcher Konzentration zugesetzt, daß die Endkonzentration 100 E Penicillin G krist. und 0,1 mg Streptomycin je Milliliter Nährmedium beträgt.

Muß mit bakteriell verunreinigten Geweben oder Virussuspensionen gearbeitet werden, so kann ohne Schädigung für das zu kultivierende Gewebe die Penicillinkonzentration bis zu 1000 E je Milliliter erhöht werden.

Penicillin- und Streptomycinlösungen werden in entsprechenden Konzentrationen abgefüllt und bei —70⁰ C aufbewahrt.

Gewebezüchtung im ERLENMEYER-Kolben nach MAITLAND.

Es werden enghalsige ERLENMEYER-Kolben mit planem Boden von 25 ml Inhalt und dazu passende Gummistopfen verwendet. Hals und Stopfen der Kolben werden durch Aluminiumfolien oder Glaskappen vor bakterieller Infektion geschützt.

Nährmedium.　　　　Salzlösung　　70%
　　　　　　　　　　　Pferdeserum　　30%

　　　hiervon 3,0 ml je Kolben.

Gewebe. Das zu kultivierende Gewebe wird, wie beschrieben, vorbereitet und 0,15 ml einer 33%igen Gewebesuspension in Serum-Salzlösung dem Nährmedium zugesetzt. Das Verhältnis Gewebe: Nährflüssigkeit soll etwa 1:100 betragen. Wird der Nährflüssigkeit entsprechend zuviel Gewebe zugesetzt, so tritt eine rasche Änderung des p_H nach der sauren Seite hin ein. Die Bebrütungstemperatur richtet sich nach dem zu kultivierenden Gewebe und liegt im allgemeinen zwischen 35 und 38⁰ C. Die Nährflüssigkeit wird alle 4 Tage erneuert. Hierzu werden die Kolben um 45⁰ gekippt, so daß sich die Gewebestückchen am Rand des Bodens absetzen; die überstehende Nährflüssigkeit wird mit einer Capillarpipette abgesaugt und frische Nährflüssigkeit gleicher Zusammensetzung in gleicher Menge zugegeben. Bei dem Wechsel der Nährflüssigkeit ist darauf zu achten, daß sich keine Gewebestücke an der Wand festsetzen und später nicht von dem Nährmedium bedeckt werden.

Die Wachstumsbedingungen für die Gewebe sind bei dieser Methode nicht günstig. Sowohl Zellteilung als auch Zelltod werden extrem niedrig gehalten. Eine Gewebeproliferation tritt kaum ein.

Infektion mit Virussuspensionen. Nach Entfernen der Nährflüssigkeit wird das Gewebe mit einer Mischung von

　　　0,3 ml Virussuspension (bekannten oder unbekannten Titers)
und 2,7 ml Nährmedium

infiziert.

Bei jedem weiteren Wechsel der Nährflüssigkeit werden jeweils 90% (2,7 ml) entfernt und durch neue Nährflüssigkeit ersetzt. Dadurch ergibt sich bei jeder Erneuerung der Nährflüssigkeit eine Verdünnung der ursprünglich eingebrachten Viruskonzentration um das 10fache. Titerberechnungen lassen sich so leicht durchführen.

Da das Virus in der überstehenden Nährflüssigkeit und in dem Gewebe verschieden verteilt sein kann, muß oft der Gesamtinhalt eines Kolbens titriert werden, nachdem das Gewebe in einem Glasschliffmörser zermahlen worden ist. Die histologische Untersuchung der Gewebestückchen erfolgt mit den üblichen Methoden. Waschen,

Fixieren und Entwässern der Gewebestückchen kann in dem Kultur-
kolben erfolgen. Ein Zusatz von Eosin zum 95%igen Alkohol erleichtert
die weitere Verarbeitung der kleinen Gewebestückchen im Paraffinblock.

Rollkultur nach GEY.

Bei dieser Technik wird das Gewebe an der Innenwand von Reagensgläsern, an die es durch ein Plasmacoagulum fixiert ist, gezüchtet.
Nach Zugabe des Nährmediums werden die Reagensgläser in fast
horizontaler Lage in einer speziell konstruierten Trommel mit etwa
8—12 Umdrehungen je Stunde gedreht. Das Gewebe wird so abwech-
selnd von der Nährflüssigkeit bespült und der in dem Röhrchen befind-
lichen Luft ausgesetzt. Durch den dauernden Wechsel von flüssiger
Nährmediumphase und Gasphase werden ausgezeichnete Bedingungen
für das Wachstum des Gewebes geschaffen.

Mit einer Capillarpipette werden 3 Tropfen Hühner-Plasma in den
unteren $^2/_3$ eines dünnwandigen Reagensglases (18 × 180 mm mit geradem
Rand) so verteilt, daß die Innenwand gleichmäßig mit Plasma bedeckt
ist. Mit einer abgebogenen Capillarpipette werden nun die einzelnen
Gewebefragmente in einer Reihe in das Röhrchen eingebracht. Die
Gewebestückchen müssen gleichmäßig in der dünnen Plasmaschicht
verteilt werden, so daß je Gewebestückchen etwa 1 cm² Raum für das
Wachstum zur Verfügung steht. Sollen in einem Röhrchen ausgedehn-
tere Gewebeproliferationen erzielt werden, so können 48 Gewebestückchen in 8 Reihen zu je 6 eingegeben werden, bei gut wachsendem Gewebe ist dann die gesamte Innenwand in 5—6 Tagen von den Zellen
bedeckt.

Der Überschuß an Plasma, der sich am Boden des Röhrchens
sammelt, wird mit einer gleichen Menge Hühner-Embryonalextrakt
vermischt und durch Rollen des Röhrchens gleichmäßig über die
Gewebestückchen verteilt. Das Röhrchen wird dann mit einem mit
Cellophan überzogenen Gummistopfen verschlossen und bleibt etwa
15 min ruhig liegen. Nach dieser Zeit wird das Röhrchen in die
rotierende Trommel, die in einem Brutschrank bei 35—38⁰ C steht, ge-
steckt. Das Röhrchen soll 15—30 min rotieren; diese Zeit genügt meist,
um ein festes Plasmacoagulum zu erzielen. Das Nährmedium wird dann
in einer Menge von 2,0 ml zugesetzt.

Es besteht aus

Salzlösung	50%
Pferdeserum	30%
Embryonalextrakt	20%

Die Nährflüssigkeit muß vorsichtig zugesetzt werden; das Röhrchen
wird langsam gerollt, so daß die gesamte Plasmaoberfläche von der
Nährflüssigkeit benetzt wird.

Der Wechsel der Nährflüssigkeit muß, wenn viele Gewebestückchen eingebracht worden sind, jeden Tag, sonst jeden 2. oder 3. Tag erfolgen.

Lösen sich Gewebestückchen mit der Zeit von der Wand des Röhrchens, so müssen sie durch frische Plasma-Embryonalextraktmischung wieder fixiert werden.

Das Wachstum des Gewebes kann durch Betrachtung mit einer Binokularlupe verfolgt werden.

Die histologische Untersuchung der Gewebestückchen erfolgt mit den üblichen Methoden. Waschen, Fixieren, Entwässern der Gewebestückchen wird in dem Reagensglas vorgenommen. Die Gewebestückchen lösen sich oft zusammen mit dem Plasmacoagulum von der Wand ab.

Infektion mit Virussuspensionen. Nach Entfernen der Nährflüssigkeit wird das Gewebe mit einer Mischung von

> 0,2 ml Virussuspension (bekannten oder unbekannten Titers)
> 1,8 ml Nährmedium

infiziert.

Jede Erneuerung der Nährflüssigkeit um jeweils 1,8 ml ergibt eine Verdünnung der ursprünglichen Viruskonzentration um das 10fache.

Gewebezüchtung auf Objektträgerstreifen in Rollkulturen.

In die Reagensröhrchen werden aus Objektträgern geschnittene Glasstreifen von 10×90 mm eingelegt. Das Plasma wird in gleichmäßiger Schicht auf dem Objektträger verteilt und die Gewebestückchen zugegeben. Nach vollständiger Coagulation des Plasmas wird die Nährflüssigkeit, 2,0 ml, mit einer Capillarpipette zugesetzt und der Objektträgerstreifen durch einen gebogenen Glasstab, der durch den Gummistopfen geführt ist, an der Wand des Reagensglases festgeklemmt. Die Röhrchen werden dann wie Rollkulturen weiterbehandelt.

Zur histologischen Untersuchung wird der Objektträgerstreifen mit Tyrode gewaschen, fixiert, gefärbt und entwässert. Nach Entwässerung Einschluß in Caedax und Eindecken mit einem entsprechend zugeschnittenen Deckglas.

Nach dieser Methode können gute histologische Präparate hergestellt werden.

Bei der Züchtung von Viren in Gewebekulturen sind nach ROBBINS und ENDERS folgende Kontrollen durchzuführen:

1. Bei jedem Wechsel der Nährflüssigkeit sind Sterilitätsproben anzusetzen.

2. Nicht mit Virus infizierte Gewebekulturen müssen unter den gleichen Bedingungen gehalten werden. Diese Kontrolle dient zur

Ausschaltung etwa latent in dem kultivierten Gewebe vorhandener Viren.

3. Mit Virus infizierte Gewebekulturen werden statt bei Brutschranktemperatur bei $+4^0$ C gehalten. Bei dieser Temperatur kommt es weder zu einer Virusvermehrung noch zu einer Proliferation des Gewebes. Die ursprünglich eingebrachte Viruskonzentration nimmt hier schnell durch den Wechsel des Nährmediums ab. Durch Vergleich mit den bei Brutschranktemperatur gehaltenen Kulturen kann der Unterschied in der Viruskonzentration einfach nachgewiesen werden.

Kriterien für eine Virusvermehrung.
A. Anstieg des infektiösen Titers,
B. Bildung von Antigenen
   1. komplementbindende,
   2. hämagglutinierende,
C. Morphologische Zellveränderungen,
D. Änderungen des Zellstoffwechsels.

Literatur.

CAMERON, G.: Tissue culture technique. New York: Academic Press 1950.

DEMUTH, F.: Praktikum der Züchtung von Warmblütergewebe in vitro. München: Müller u. Steinicke 1929.

HANKS, J. H., and R. E. WALLACE: Relation of oxygen and temperature in the preservation of tissues by refrigeration. Proc. Soc. Exper. Biol. a. Med. **71**, 196 (1949).

PARKER, R. C.: The cultivation of tissues for prolonged periods in single flasks. J. of. exper. Med. **64**, 121 (1936). — Methods of tissue culture. New York: Hoeber 1950.

ROBBINS, F. C., and J. F. ENDERS: Tissue culture techniques in the study of animal viruses. Amer. J. Med. Sci. **220**, 316 (1950).

3. Die Zerkleinerung virushaltigen Gewebes.

Zur Herstellung von Virussuspensionen aus Geweben müssen die Zellen mechanisch zerstört werden, um die Viruspartikel aus dem Zellinnern herauszulösen. Bei diesen Arbeiten müssen alle Vorsichtsmaßnahmen getroffen werden, um ein Versprühen einer hochinfektiösen Gewebesuspension zu verhindern.

Zur Herstellung von Suspensionsmengen über 150 ml ist eine der üblichen in Haushalten verwendeten Zerkleinerungsmaschinen mit hochtourigem Motor und Metallbecher (z. B. Starmix) geeignet. Speziell für Laborzwecke sind entsprechende Becheraufsätze entwickelt worden, welche erlauben, auch kleinere Suspensionsmengen (25—50 ml) zu verarbeiten. Der handelsübliche Deckel ist unbrauchbar, da er den Becher nicht dicht genug verschließt. Es muß ein mit Gummi abgedichteter Überfalldeckel verwendet werden, der während des Laufens des Motors den Austritt der Suspension sicher verhindert. Zusätzlich ist ein Mantel um den Metallbecher anzubringen, der mit Eiswasser oder Eisgemischen gefüllt wird und eine Erwärmung der Suspension während des Zerkleinerns verhindert. Der Metallbecher wird zusammen mit dem Deckel im Autoklav sterilisiert. Während des Laufens des Motors wird ein Aerosol gebildet, das sehr stabil ist. Der Becher darf daher nicht sofort nach dem Abstellen des Motors geöffnet werden, sondern ist zunächst, etwa 3 Std, im Eisschrank zu halten.

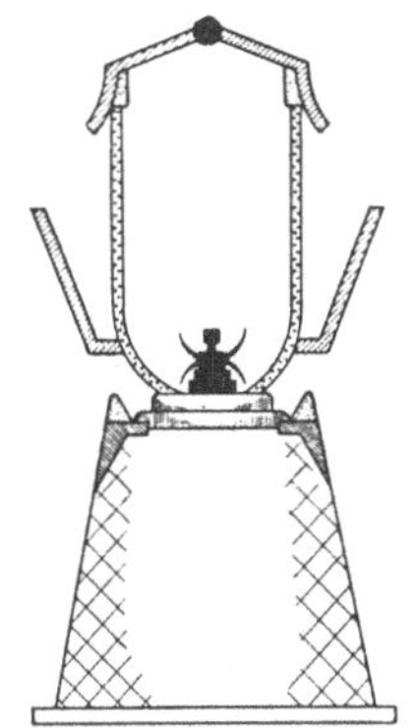

Abb. 8. „Starmix" mit Überfalldeckel und Mantel für die Eiswasserkühlung.

Für kleinere Mengen sind Glasschliffmörser brauchbar, die die einzelnen Zellen zermahlen und ein steriles Arbeiten erlauben. Die Glasschliffmörser können in verschiedenen Größen, auch für kleinste Gewebestückchen, angefertigt werden. Der Außendurchmesser des Pistill muß etwa 0,2mm geringer sein als der Innendurchmesser des Mörsers, so daß der Spielraum zwischen beiden so gering ist, daß das Pistill nur langsam durch sein eigenes Gewicht in dem Mörser heruntergleitet. Je feiner die Schliffflächen des Mörsers und des Pistills sind, um so feiner wird das Gewebe zermahlen.

Bei einem Zermahlen der Gewebe in einem offenen Porzellanmörser mit sterilem gewaschenem Seesand („Merck") ist wegen der Gefahr der Infektion mit Luftkeimen in einer Kapelle zu arbeiten.

Kugelmühlen, die in den verschiedensten Größen gebaut werden, sind für die Verarbeitung größerer Suspensionsmengen unerläßlich.

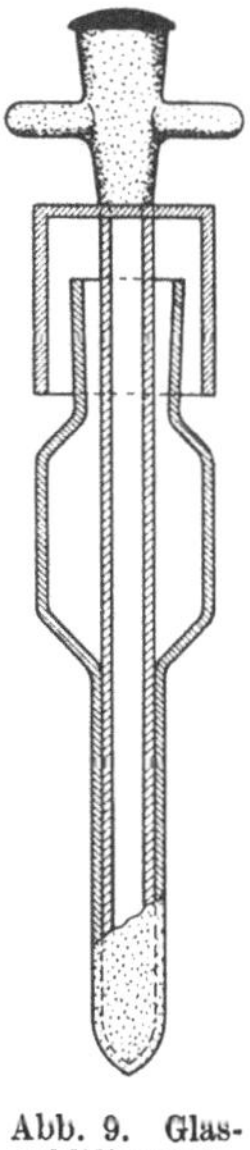

Literatur.

ANDERSON, R. E., L. STEIN, M. L. MOSS and N. H. GROSS: Potential infectious hazards of common bacteriological techniques. J. Bacter. **64**, 473 (1952).

SEIFRIED, O.: Ein einfacher Glasmörser für weiches Gewebe. Zbl. Bakter. I Orig. **127**, 383 (1933). — SOROF, S., and P. P. COHEN: Modified semi-micro and micro waringblendors for low temperature use. Exp. Cell. Res. **2**, 299 (1951).

4. Verdünnungsflüssigkeiten für Virussuspensionen.

Abb. 9. Glasschliffmörser.

Zur Herstellung von Verdünnungsreihen für Titerbestimmungen, Infektionsversuche usw. wird das infizierte Gewebe in einer Flüssigkeit aufgeschwemmt. Die Zusammensetzung dieser Verdünnungsflüssigkeiten ist für die Erhaltung der Virusaktivität wesentlich.

Das Verdünnungsmittel soll eine proteinstabilisierende Substanz enthalten, die eine Denaturierung des Virus verhindert, besonders, wenn dieses in hohen Verdünnungen vorliegt. Die Verdünnungsflüssigkeit soll weder spezifische noch unspezifische virusinaktivierende Substanzen enthalten, leicht sterilisierbar sein und eine klare Lösung geben. Ihre konstante Zusammensetzung sichert gleiche Verhältnisse zu verschiedenen Zeiten und bei verschiedenen Untersuchungsreihen.

Kochsalzlösung 0,85%ig. Physiologische Kochsalzlösung kann nicht allgemein als Verdünnungsflüssigkeit verwendet werden, da sie auf viele Virusarten eine schädigende Wirkung ausübt. Sie erfüllt lediglich die Forderung eines gleichen osmotischen Druckes wie das Blutserum.

Phosphatgepufferte Kochsalzlösung (p$_H$ 7,4).

Natriumchlorid (NaCl)	7,0 g
Natriumphosphat (Na$_2$HPO$_4 \cdot$ 2 H$_2$O)	1,7 g
Kaliumphosphat (KH$_2$PO$_4$)	0,2 g
Aqua bidest. ad	1000,0 g

Durch hartes Filtrierpapier filtrieren.

Gepufferte Kochsalzlösung mit Zusatz von hitzeinaktiviertem Normalserum. Gepufferter Kochsalzlösung wird 10% normales Kaninchenserum oder 2—5% normales Pferdeserum zugesetzt. Die Sera werden bei 56⁰ C 30 min inaktiviert.

Der Nachteil des Serumzusatzes besteht darin, daß spezifische und unspezifische virusinaktivierende Substanzen in tierischen als auch menschlichen Sera vorkommen. Außerdem werden mit Sera verschiedener Tiere unterschiedliche Titer erzielt, so daß Vergleiche nicht ohne weiteres möglich sind.

Entrahmte Milch. Als Verdünnungsflüssigkeit kann entrahmte Milch verwendet werden. Nichtpasteurisierte Milch (Vorzugsmilch) wird in einem Scheidetrichter 18 Std bei +4⁰ C gehalten. Die fettfreie Schicht wird abgelassen und im Dampftopf an 3 aufeinanderfolgenden Tagen je 20 min sterilisiert. Die entrahmte Milch kann entweder unverdünnt oder 10%ig in gepufferter Kochsalzlösung verwendet werden.

Gepufferte Kochsalzlösung mit Zusatz von Gelatine. 0,5%ige Lösung von Gelatine (Gelatine für bakteriologische Zwecke „Merck") in gepufferter Kochsalzlösung.

Gepufferte Nährbouillon (10%). Physiologische Kochsalzlösung (0,85%) wird mit 10% gewöhnlicher gepufferter Fleischbouillon (p$_H$ 8,0—8,2) versetzt und 20 min im Autoklav sterilisiert. Das p$_H$ soll nach der Sterilisation 7,2—7,4 betragen.

Rinderalbumin (0,2%). 2,0 g kristallisiertes Rinderalbumin wird in 1000 ml gepufferter Kochsalzlösung gelöst. Die Lösung wird durch Filtration durch ein Seitzfilter sterilisiert.

Diese von DICK und TAYLOR angegebene Verdünnungsflüssigkeit ist allgemein brauchbar. Bei Anwesenheit des proteinstabilisierenden Albumins hat sie nicht die Nachteile des Serumzusatzes.

Literatur.

DICK, G. W. A., and R. M. TAYLOR: Bovine plasma albumin in buffered saline solution as a diluent for viruses. J. of Immun. **62**, 311 (1949).

KOPROWSKI, H.: Occurence of nonspecific virus-neutralizing properties in sera of some mammals. J. of Immun. **54**, 387 (1946).

OLITSKY, P. K., R. H. YAGER and L. C. MURPHY: Preservation of neurotropic viruses. U.S. Armed Forc. Med. J. **1**, 415 (1950).

5. Filtration — Ultrafiltration.

Die Filtration von Virussuspensionen durch bakteriendichte Filter hat erstmalig den eindeutigen Beweis der Existenz eines Virus überhaupt erbracht (IWANOWSKI). Die Ultrafiltration hat heute etwas an Bedeutung verloren, da sowohl für die Bestimmung der Größe der Viruspartikel als auch für die Entfernung von Bakterien aus Virussuspensionen zuverlässigere bzw. einfachere Methoden zur Verfügung stehen.

Aus Asbest, Kieselgur und Porzellan hergestellte Filter sind fast ganz durch Filter aus Nitrocellulose verdrängt worden. Bei der Filtration durch einen der erstgenannten Filter muß stets mit der Möglichkeit gerechnet werden, daß ein großer Teil der Viruspartikel im Filter zurückgehalten wird. Aus Nitrocellulose hergestellte Filter haben dagegen geringere adsorptive Eigenschaften. Sie lassen sich außerdem so herstellen, daß Membranen mit relativ gleicher Porenweite erhalten werden. Die zu filtrierenden Suspensionen müssen vor der Ultrafiltration von gröberen Partikeln befreit werden, da diese sonst in kurzer Zeit das Filter verstopfen würden. Emulsionen aus Geweben werden vorher zentrifugiert. Die Umdrehungszahl der Zentrifuge muß so gewählt werden, daß eine Sedimentierung der Viruspartikel selbst nicht erfolgt. Die Suspension wird dann vorfiltriert. Hierzu werden porösere Filter als für die endgültige Filtration verwendet.

Die Ultrafilter können in strömendem Dampf sterilisiert werden. Die Membran schrumpft nur wenig, während sich die Durchlässigkeit kaum verändert. Ein leicht alkalisches Medium (p_H 7,0—8,0) ist für die Ultrafiltration am günstigsten. Die Viscosität der zu filtrierenden Flüssigkeit ist von Bedeutung: die Durchlaufgeschwindigkeit ist ungefähr proportional der Viscosität der zu filtrierenden Flüssigkeit. Im allgemeinen ist eine Filtration unter Druck vorzuziehen, besonders wenn kleinere Mengen filtriert oder Membranen von verhältnismäßig geringer Porenweite verwendet werden. Es ist immer der geringste Druck anzuwenden, bei dem noch eine ausreichende Filtration erfolgt.

Folgende Bedingungen sind bei jeder Filtration zu berücksichtigen: p_H der zu filtrierenden Flüssigkeit, Volumen der zu filtrierenden Flüssigkeit, Filtrationsdauer, angewendeter positiver oder negativer Druck, mittlere Porenweite des Filters, Suspensionsmittel.

Aus gut verdünnten und geklärten Flüssigkeiten können durch Membranen mit einem mittleren Porendurchmesser von 700—750 mμ bakterienfreie Filtrate gewonnen werden, wenn ein positiver bzw. negativer Druck von etwa 100—200 mm Quecksilber angewandt wird. In jedem Falle müssen geeichte Filter, deren maximale Porenweite bekannt ist, verwendet werden. Derartige Filter sind handelsüblich.

Zwischen der mittleren Porenweite eines Filters und der Größe des kleinsten Partikels, das gerade noch zurückgehalten wird, besteht nach ELFORD folgende Beziehung:

Mittlerer Porendurchmesser (d) des Filters in mμ	Größe des kleinsten Teilchens, das noch zurückgehalten wird
10— 100	$(^1/_3$—$^1/_2)\ d$
100— 500	$(^1/_2$—$^3/_4)\ d$
500—1000	$(^3/_4$—1$)\ d$

$d =$ Mittlerer Porendurchmesser des Filters.

Aus der Tabelle geht hervor, daß bei Filtern mit einer geringen Porenweite der mittlere Porendurchmesser 2—3mal dem Durchmesser des Partikels entsprechen muß, um es passieren zu lassen. Bei Filtern mit größerer Porenweite besteht kein so großer Unterschied zwischen mittlerem Porendurchmesser und Partikelgröße.

Für die Filtration kleiner Mengen (bis zu 5 ml) ist eine von ELEK und HILSON angegebene Technik brauchbar. Ihre Filterapparatur kann in handelsüblichen Zentrifugen verwendet werden; durch die Zentrifugalkraft wird die zu filtrierende Flüssigkeit durch das Filter getrieben. Zwischen der Umdrehungszahl der Zentrifuge und dem erzielten Druck bestehen nomographisch festgelegte Beziehungen.

Zur Bestimmung der Partikelgröße einer Virusart wird die geklärte Suspension durch Filter verschiedener maximaler Porenweite filtriert und jedes Filtrat auf Virusaktivität geprüft. Die Herstellung entsprechender Ultrafilter beschrieben BAUER und HUGHES sowie BUGHER.

Für die Filtration größerer Serummengen ist das Seitz-Mehrzweckfiltergerät aus Hartporzellan mit Entkeimungsschichten „EKS" geeignet. Es ist sowohl für Druck- als Saugfiltration verwendbar.

Literatur.

BAUER, J. H., and T. P. HUGHES: The preparation of the graded collodion membranes of Elford and their use in the study of filtrable viruses. J. Gen. Physiol. 18, 143 (1934). — BUGHER, J. C.: Characteristics of collodion membranes for ultrafiltration. J. Gen. Physiol. 35, 431 (1953).

ELEK, S. D., and G. R. F. HILSON: A centrifugal gradocol filter. J. Clin. Path. 4, 240 (1951). — ELFORD, W. J.: The sizes of viruses and bacteriophages and methods for their determination. In Handbuch der Virusforschung, herausgeg. von R. DOERR u. C. HALLAUER, Bd. I, S. 126. Wien: Springer 1938.

6. Zentrifugierung.

Unter dem Einfluß der Schwerkraft setzen sich Teilchen, die in einem Medium geringerer Dichte suspendiert sind, am Boden des Gefäßes ab. Die Geschwindigkeit, mit der sich ein Teilchen absetzt, hängt von seiner Größe, Gestalt und Dichte ab. Nur Teilchen relativ großer Dichte bzw. entsprechender Größe sedimentieren unter dem Einfluß der Schwerkraft. Teilchen, deren Größe weit unterhalb eines Mikrons liegt, wie Viruspartikel, werden durch die Schwerkraft nicht sedimentiert. Die Anwendung der Zentrifugalkraft ermöglicht es, auch relativ kleine Partikel von geringer Dichte niederzuschlagen.

Der Sedimentationseffekt ist gleich dem Volumen mal der Dichte (Gewicht) des einzelnen Partikels, welches sedimentiert wird, minus dem gleichen Volumen mal der Dichte (Gewicht) der Flüssigkeit, in der es aufgeschwemmt ist. Die Gestalt des Partikels, die Oberflächenspannung und Viscosität der Aufschwemmungsflüssigkeit spielen eine große Rolle. Blutkörperchen benötigen zu ihrer Sedimentierung im viscösen Blutserum eine längere Zeit als in physiologischer Kochsalzlösung. Diese Beziehungen schaffen komplizierte Verhältnisse, so daß bestimmte stabile Emulsionen auf Grund ihrer Oberflächenspannung mit der normalerweise angewandten Zentrifugalkraft nicht getrennt werden können.

Die relative Zentrifugalkraft wird in einem Vielfachen der Eigenschwere angegeben und nach folgender Formel berechnet:

$$f = 1{,}11 \cdot 10^{-5} \cdot n^2 \cdot r$$

f in g,

Konstante: $1{,}11 \cdot 10^{-5}$,

n = Umdrehungszahl der Zentrifuge je Minute,

r = Entfernung der zu sedimentierenden Teilchen von der Umdrehungsachse (meist gemessen am Becherboden) in Zentimeter.

Nach dieser Formel ist die relative Zentrifugalkraft eine Funktion der Umdrehungszahl und des Radius. Alle Werte sollen auf die relative Zentrifugalkraft bezogen werden.

Wird z. B. 1 g Wasser in einer Zentrifuge bei 4000 Umdrehungen je Minute und 10 cm Abstand von der Umdrehungsachse zentrifugiert, so übt es auf den Boden des Röhrchens eine Kraft aus, die der 1789fachen Eigenschwere entspricht, also der gleichen Kraft, die 1789 g Wasser ausüben würden, wenn die Flüssigkeit nur der Schwerkraft unterläge.

Die meisten hochtourigen Zentrifugen, die sich für eine Sedimentierung von Partikeln in der Größe unter 100 mμ eignen, sind als Winkelzentrifugen gebaut. Die Winkelzentrifugen haben einen besseren Effekt als Horizontalzentrifugen, da sie auch Partikel niederschlagen, die in einer Horizontalzentrifuge gleicher Umdrehungszahl entweder überhaupt nicht oder erst nach längerer Zeit sedimentiert werden. Die Zentrifugenröhrchen sind in den Winkelzentrifugen in einem Winkel von etwa 35⁰ zu der Umdrehungsachse der Zentrifuge fixiert. Die suspendierten Teilchen haben nur den kurzen Weg bis zu der Wand des Röhrchens zurückzulegen, wo sie entlang der Wand dann leicht zum Boden des Zentrifugenröhrchens niedergeschlagen werden. Mit Winkelzentrifugen können bei Umdrehungszahlen von 15000 Umdrehungen je Minute entsprechend etwa der 30000fachen Eigenschwere größere Virusarten in relativ kurzer Zeit sedimentiert werden. Die Winkelzentrifugen haben den Nachteil, daß das Sediment in einem Winkel am Boden des Zentrifugenröhrchens niedergeschlagen wird und so für volumetrische Messungen nicht geeignet ist. Außerdem kommt es durch den Auftrieb niemals zu einer vollständigen Sedimentierung.

Präparative Ultrazentrifugen erreichen bei 40000—50000 Umdrehungen je Minute eine relative Zentrifugalkraft, die etwa der 150000 bis 200000fachen Eigenschwere entspricht und es ist mit einer derartigen Zentrifuge möglich, auch kleinere Virusarten in verhältnismäßig kurzre Zeit zu sedimentieren.

Bei dem Zentrifugieren von Virussuspensionen ist die Temperaturempfindlichkeit der Viren zu berücksichtigen, besonders, wenn lange Zeit bei hoher Geschwindigkeit zentrifugiert wird. Es sind Zentrifugen entwickelt worden, deren Rotor durch ein Kälteaggregat mit Soleumlauf gekühlt wird; Temperaturen bis zu —10⁰ C werden auch bei stundenlangem Zentrifugieren gewährleistet.

Literatur.

Kendrick, A.: The application of centrifugal force. Inf. Bull. 1. Boston, U.S.A.: International Equipment Co. 1951.

Pickels, E. G.: Sedimentation in the angle centrifuge. J. Gen. Physiol. **26**, 341 (1943).

7. Die Aufbewahrung virushaltigen Materials.

Virushaltige Suspensionen und virushaltige Gewebe müssen so aufbewahrt werden, daß keine Aktivitätseinbuße erfolgt. Die Temperaturempfindlichkeit der verschiedenen Virusarten ist unterschiedlich, eine Aufbewahrung bei +4⁰ C genügt jedoch im allgemeinen nicht, um die Aktivität voll zu erhalten.

1. Aufbewahrung in Glycerin. Die Aufbewahrung in Glycerin ist die einfachste Methode und besonders für virushaltige Organe geeignet. Die Größe der Gewebestücke soll 1 cm³ nicht überschreiten. Diese Methode hat den Vorteil, daß nichtsporenbildende Bakterien etwa innerhalb 5—6 Tagen abgetötet werden. Es soll nur redestilliertes neutrales Glycerin verwendet werden, das mit einer gleichen Menge gepufferter Kochsalzlösung gemischt wird. Dieses 50%ige Glycerin wird in Gläsern, die mit Korkstopfen verschlossen sind, bei 120⁰ C im Autoklav 30 min sterilisiert. Die Gläser dürfen nur halb gefüllt sein. Aufbewahrung bei $+4^0$ C. Vor der Verimpfung muß das dem Gewebe noch anhaftende Glycerin durch mehrmaliges Waschen in gepufferter Kochsalzlösung entfernt werden. Die Kochsalzlösung wird mit sterilem Filterpapier abgesaugt und das Organstück in einer entsprechenden Verdünnungsflüssigkeit zerrieben.

2. Aufbewahrung bei —70⁰ C (Kohlensäure-Trockeneis). Die für die meisten Virusarten günstigste Aufbewahrungstemperatur liegt unter — 50⁰ C. Wesentlich ist die Auswahl der Verdünnungsflüssigkeit, wenn eine Virussuspension längere Zeit ohne Aktivitätseinbuße bei dieser Temperatur gehalten werden soll. Als Aufschwemmungsflüssigkeit ist gepufferte physiologische Kochsalzlösung mit einem Zusatz von 10—50% Normalserum brauchbar, ebenfalls eine 2%ige Rinderalbuminlösung in gepufferter Kochsalzlösung oder entrahmte Milch. Die Virussuspension wird in Ampullen abgefüllt. Die Menge der Flüssigkeit darf $^2/_3$ des Ampulleninhaltes nicht überschreiten, um die Expansion der Flüssigkeit während des Einfrierens zu gewährleisten. Die zugeschmolzenen Ampullen werden in einer Mischung von 95%igem Äthylalkohol und Trockeneis (Temperatur etwa —78⁰ C) eingefroren und in einer Trockeneistruhe aufbewahrt. Suspensionen, die in nicht luftdicht verschlossenen Gefäßen gehalten werden, absorbieren die gasförmige Kohlensäure; es tritt eine p_H-Änderung nach der sauren Seite hin ein. Vor der Verwendung wird der Ampulleninhalt in Eiswasser aufgetaut.

3. Aufbewahrung bei — 20 bis — 25⁰ C. Diese Temperatur, die von Kühlaggregaten (Tiefkühltruhen) erreicht wird, ist nur für die Aufbewahrung von Sera geeignet.

4. Gefriertrocknung. Für viele Virus- und Rickettsienarten ist die Aufbewahrung in gefriergetrocknetem Zustand die ideale Methode. Für den Laboratoriumsgebrauch ist eine Gefriertrocknungsapparatur mit einem Trockeneiskondensor geeignet. Die Apparatur muß so konstruiert sein, daß sie es erlaubt, die Ampullen direkt unter Hochvakuum abzuschmelzen. Es ist möglich, das zu trocknende Material während des ganzen Arbeitsganges bei einer konstanten Temperatur zu halten, indem die Ampullen in einer Tiefkühltruhe bei etwa —20⁰ C gehalten

werden. Andererseits genügt es bei weniger empfindlichen Virusarten
das Material bei Raumtemperatur zu halten; der Wärmeverlust durch
die Sublimation hält das Material so lange gefroren, bis es fast trocken
ist, erst dann kommt es zu einem Angleich an die Raumtemperatur.
Das von der Ölpumpe zu erzielende Vakuum muß dem Dampfdruck
des Kondensors entsprechen, ein Druck von 0,025—0,05 mm Hg genügt.
Die Geschwindigkeit des Trocknungsprozesses ist bei einem gegebenen
Material von dem Unterschied des Dampfdruckes des Kondensors
(-50^0 C $= 0,030$ mm Hg) und des zu trocknenden Materials (-20^0 C $=
0,750$ mm Hg) abhängig, außerdem von der Länge und dem Durchmesser
der Verbindungen zwischen Ampulle und Kondensor.

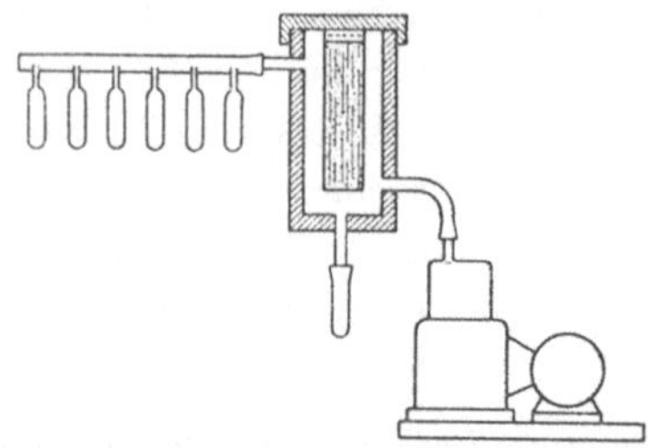

Abb. 10. Apparatur zur Gefriertrocknung.

Das zu trocknende Material muß
in einem proteinreichen Medium
aufgeschwemmt werden. Es eignet sich 10—50%iges hitzeinaktiviertes
Normalserum, 2% Rinderalbumin, entrahmte Milch oder Nährbouillon.
Die Suspension wird in Ampullen abgefüllt und in einem Alkohol-
Trockeneisgemisch so eingefroren, daß die ganze Ampullenwand von
dem Material bedeckt ist. Es werden so für die Sublimation möglichst
günstige Bedingungen — größte Oberfläche, geringste Schichtdicke —
geschaffen. Ist der Ampulleninhalt durchgefroren, so wird die Ampulle
an der Apparatur befestigt und das Vakuum hergestellt. Die Stabilität
des gefriergetrockneten Materials ist von dem Restfeuchtigkeitsgehalt
abhängig. Die Trocknung muß so lange fortgesetzt werden, bis der
Restfeuchtigkeitsgehalt 1,0% oder weniger beträgt.

Gefriergetrocknete Suspensionen werden bei $+4^0$ C aufbewahrt.
Zum Öffnen werden die Ampullen etwa 10 min in 10%ige Formalin-
lösung eingelegt. Es wird dann ein im Autoklav sterilisierter kurzer
Gummischlauch, der an seinem einen Ende mit Watte gestopft ist, über
den Ampullenhals gezogen und der Ampullenhals gebrochen. Der
Ampulleninhalt wird mit destilliertem Wasser entsprechend dem Originalvolumen versetzt und bis zur vollständigen Lösung bei $+4^0$ C
gehalten. Es ist manchmal erforderlich, die abgedampfte Kohlensäure
zu ersetzen. Hierzu wird die in ein Gefäß mit Zellstoffstopfen abgefüllte
Suspension unter gelegentlichem Umschwenken etwa 20—30 min in
einem Behälter mit einigen Stückchen Trockeneis gehalten.

Literatur.

BAUER, J. H., and E. G. PICKELS: Apparatus for freezing and drying virus
in large quantities under uniform conditions. J. of exper. Med. **71**, 83 (1940).

FLOSDORF, E. W., L. W. HULL and ST. MUDD: Drying by sublimation. J. of Immun. **50**, 21 (1945). — FLOSDORF, E. W., and ST. MUDD: Procedure and apparatus for preservation in „lyophile" form of serum and other biological substances. J. of Immun. **29**, 389 (1935).

HAAGEN, E., u. H. GRAEFE: Zur Frage der Herstellung von lebenden Trockenimpfstoffen. Zbl. Bakter. I Orig. **150**, 275 (1943). — HORSFALL, F. L., and H. S. GINSBERG: An improved CO_2 cabinet for low temperature storage of infectious agents with gaseous CO_2 excluded from the specimen compartment. J. Bacter. **61**, 443 (1951).

KLÖNE, W.: Die Gefriertrocknung biologischen Materials. Z. Hyg. **133**, 180 (1951).

8. Statistische Methoden.

a) Auswertung der Infektiosität einer Virussuspension und der Neutralisationskraft eines Serums.

Es stehen mehrere brauchbare statistische Methoden zur Verfügung. Die von REED und MUENCH (BEHRENS) angegebene ist einfach und ausreichend und beruht für die Auswertung der Infektiosität einer Virussuspension auf folgendem Prinzip:

Die Gesamtzahl der Versuchstiere wird in mehrere gleich große Gruppen unterteilt und alle Tiere einer Gruppe mit einer gleichen Viruskonzentration behandelt. Die Verdünnungen der Virussuspension sind so angeordnet, daß sich die aufeinanderfolgenden Verdünnungsstufen durch einen gemeinsamen Verdünnungsfaktor unterscheiden. Bei jeder Verdünnungsstufe wird die Zahl der Tiere, welche positiv oder negativ reagieren, gewertet. Die größte Genauigkeit wird bei einem gegebenen Tiermaterial erzielt, wenn nicht die Viruskonzentration, bei der alle Tiere getötet werden (LD 100) bestimmt wird, sondern die Verdünnung, die genau 50% der Tiere tötet (LD 50), bzw. bei 50% der Tiere Krankheitserscheinungen hervorruft (ID 50).

REED und MUENCH nehmen nun an, daß jedes Tier, das bei einer gegebenen Verdünnung stirbt bzw. erkrankt, auch bei einer stärkeren Viruskonzentration gestorben bzw. erkrankt wäre, und daß jedes Tier, welches bei einer gegebenen Verdünnung überlebt, auch bei einer schwächeren Viruskonzentration überlebt hätte. Für jede Verdünnungsstufe wird ein Quotient errechnet, in welchem der Zähler gleich der Gesamtzahl der Tiere ist, welche bei der entsprechenden Verdünnung, wie bei den schwächeren Viruskonzentrationen sterben bzw. erkranken. Der Nenner wird durch Addition der Anzahl der Tiere gefunden, die bei der entsprechenden Verdünnungsstufe und den stärkeren Viruskonzentrationen überleben plus der Anzahl der Tiere, die bei der entsprechenden Verdünnungsstufe und den schwächeren Viruskonzentrationen gestorben bzw. erkrankt sind. Aus diesem Quotienten wird die prozentuale Mortalität für jede einzelne Verdünnungsstufe nach der Formel:

$$100 \left(\frac{\text{tot}}{\text{tot} + \text{überlebend}} \right) \text{ errechnet.}$$

Der 50%ige Endpunkt liegt meist zwischen 2 Verdünnungsstufen und muß interpoliert werden. Um den Abstand zu bestimmen, welchen der 50%ige Endpunkt zwischen seinen benachbarten Werten einnimmt, wird folgende Formel verwendet:

$$\frac{\text{Prozentsatz der Mortalität, welcher nächsthöher als 50\% liegt} - 50\%}{\text{Prozentsatz der Mortalität, welcher nächsthöher als 50\% liegt} - \text{Prozentsatz der Mortalität, welcher nächstniedriger als 50\% liegt}} = \text{Abstandsfaktor}$$

Der log LD 50 ist dann:

log der Verdünnungsstufe mit der nächsthöheren Mortalität als 50%

+ (Abstandsfaktor × log des Faktors der Verdünnungsreihe).

Zur Berechnung werden die einzelnen Virusverdünnungsstufen so tabellarisch untereinander gereiht, daß die stärksten Viruskonzentrationen oben und die schwächsten unten stehen.

Die Zahl der überlebenden und toten Tiere wird in jeder Spalte für jede Verdünnungsstufe berechnet.

Zur Berechnung der überlebenden bzw. gestorbenen Tiere wird mit der Addition der überlebenden Tiere in der entsprechenden Reihe von oben und mit der Addition der gestorbenen Tiere in der entsprechenden Reihe von unten begonnen.

Die Zahl der gestorbenen Tiere dividiert durch die Zahl der gestorbenen plus überlebenden Tiere wird für jede Verdünnungsstufe als Bruch angegeben und hieraus die prozentuale Mortalität für jede Verdünnung errechnet.

Das Maximum an Wahrscheinlichkeit wird bei der Methode nach REED und MUENCH erzielt, wenn

a) eine gleiche Anzahl von Tieren für jede Verdünnungsstufe verwendet wird (bei einer ungleichen Anzahl von Tieren für die einzelnen Verdünnungsstufen sind Korrektionen notwendig),

b) konstante log-Verdünnungsintervalle gewählt werden,

c) der ganze Bereich zwischen der 0- und 100%igen Mortalität erfaßt wird. Die Formel wird jedoch auch dann verwendet, wenn keine 0%ige Mortalität vorhanden ist unter der Berücksichtigung, daß dann die Resultate nicht absolut korrekt sind,

d) die Logarithmen der einzelnen Verdünnungsstufen symmetrisch um den wahren log LD 50 bzw. log ID 50 gruppiert sind, eine Voraussetzung, die manchmal unmöglich zu erfüllen ist. Dieser Fehler kann so ausgeglichen werden, daß zunächst der log LD 50 vorläufig bestimmt wird, dann die extremen Verdünnungsstufen fortgelassen werden, bis eine genügend gleich große Anzahl von Verdünnungsstufen zu jeder

Seite der Verdünnung sind, welche dem vorläufigen log LD 50 bzw. ID 50 am nächsten kommt.

Eine Methode, um den Standardfehler zu bestimmen, wurde von Pizzi angegeben.

Soll die Neutralisationswirkung eines Serums bestimmt werden, so muß die Serumverdünnung ermittelt werden, welche 50% der Tiere vor der Infektion schützt.

Es kann sowohl eine konstante Serumverdünnung gegen unterschiedliche Viruskonzentrationen angesetzt werden, als auch unterschiedlich Serumverdünnungen gegen eine konstante sicher tödliche Virusverdünnung. Die Titration fallender Serumverdünnungen gegen eine konstante Virusmenge ist vorzuziehen, da sie eine exaktere Serumtitration ermöglicht.

Reed und Muench nehmen hier an, daß jedes Tier, welches bei einer gegebenen Serumverdünnung stirbt oder erkrankt, auch bei einer schwächeren Serumkonzentration gestorben bzw. erkrankt wäre, und daß jedes Tier, welches bei einer gegebenen Serumverdünnung überlebt, auch bei einer stärkeren Serumkonzentration überlebt hätte.

Bei der Berechnung wird hier mit der Addition der überlebenden Tiere in der entsprechenden Reihe von unten und mit der Addition der gestorbenen bzw. erkrankten Tiere in der entsprechenden Reihe von oben begonnen. Die übrige Berechnung stimmt sonst mit der der Auswertung der Infektiosität einer Virussuspension überein.

Tabelle 3. *Titration eines Serums* (nach Reed und Muench).

Serum-verdünnung	tot/gesamt	überlebend	tot	tot	überlebend	Gesamt tot/gesamt	% Mortalität
unverdünnt	0/6	6	0	0	32	0/32	0
1:2	0/6	6	0	0	26	0/26	0
1:4	1/6	5	1	1	20	1/21	5
1:8	0/6	6	0	1	15	1/16	6
1:16	2/6	4	2	3	9	3/12	25
1:32	4/6	2	4	7	5	7/12	58
1:64	4/6	2	4	11	3	11/14	79
1:128	6/6	0	6	17	1	17/18	94
1:256	5/6	1	5	22	1	22/23	96

Berechnung: Die 50%ige Mortalität liegt zwischen 2 Verdünnungen. Prozentsatz der Mortalität, welcher nächsthöher als 50% liegt = 58, Prozentsatz der Mortalität, welcher nächst niedriger als 50% liegt = 25

$$\text{Abstandsfaktor} = \frac{50\% - \text{Prozentsatz der Mortalität, welcher nächstniedriger als 50\% liegt}}{\text{Prozentsatz der Mortalität, welcher nächsthöher als 50\% liegt} - \text{Prozentsatz der Mortalität welcher nächstniedriger als 50\% liegt}}$$

$$\text{Abstandsfaktor} = \frac{50-25}{58-25} = \frac{25}{33} \quad 0,76$$

log LD 50:

log der Verdünnungsstufe mit der nächst geringeren Mortalität als 50% (log von 16) 1,2041

+ (Abstandsfaktor × log des Faktors der Verdünnungsreihe)

= (0,76 × 0,3010) 0,2287

log LD 50 1,4328

Numerus von 1,4328 = 2710 = 1:27,1.

Tabelle 4. *Titration einer Virusverdünnungsreihe* (nach VAN ROOYEN und RHODES).

Virus-verdünnung	tot/gesamt	überlebend	tot	tot	überlebend	Gesamt ——— tot/gesamt	%Mortalität
10^{-4}	6/6	0	↑ 6	16	0	16/16	100
$10^{-4,5}$	5/6	1	5	10	1	10/11	91
10^{-5}	3/6	3	3	5	4	5/9	55
$10^{-5,5}$	2/6	4	2	2	8	2/10	20
10^{-6}	0/6	↓ 6	0	0	14	0/14	0

Berechnung: Die 50%ige Mortalität liegt zwischen 2 Verdünnungen. Prozentsatz der Mortalität, welcher nächsthöher als 50% liegt = 55, Prozentsatz der Mortalität, welcher nächstniedriger als 50% liegt = 20.

$$\text{Abstandsfaktor} = \frac{55-50}{55-20} = \frac{5}{35} = \frac{1}{7} = 0,143.$$

log LD 50:

log der Verdünnungsstufe mit der nächsthöheren Mortalität als 50% . . . . −5,0

+ (Abstandsfaktor × log des Faktors der Verdünnungsreihe)

= (0,143 × 0,5) 0,0715

log LD 50 −5,0715

$$\text{Numerus von } -5,0715 = 1179 = \frac{1}{117\,900}$$

Tabelle 5. *Titration einer Virusverdünnungsreihe.*

Virus-verdünnung	tot/gesamt	überlebend	tot	tot	überlebend	Gesamt ——— tot/gesamt	%Mortalität
1:2	5/5	0	↑ 5	23	0	23/23	100
1:4	5/5	0	5	18	0	18/18	100
1:8	4/5	1	4	13	1	13/14	93
1:16	5/5	0	5	9	1	9/10	90
1:32	1/5	4	1	4	5	4/9	44
1:64	2/5	3	2	3	8	3/11	27
1:128	1/5	↓ 4	1	1	12	1/13	8

Berechnung: Die 50%ige Mortalität liegt zwischen 2 Verdünnungen. Prozentsatz der Mortalität, welcher nächsthöher als 50% liegt = 90. Prozentsatz der Mortalität, welcher nächstniedriger als 50% liegt = 44.

$$\text{Abstandsfaktor} = \frac{90-50}{90-44} = \frac{40}{46} = 0{,}87.$$

log LD 50:

log der Verdünnungsstufe mit der nächst höheren Mortalität als 50% (log von 16) 1,2041

+ (Abstandsfaktor $\times$ log des Faktors der Verdünnungsreihe) = $(0{,}87 \times 0{,}3010)$ 0,2618

log LD 50   1,4659

Numerus von $1{,}4659 = 292 = 1:29{,}2$.

Tabelle 6. *Titration einer Virusverdünnungsreihe* (nach PAUL).

Virus-verdünnung	tot/gesamt	überlebend	tot	tot	überlebend	Gesamt tot/gesamt	% Mortalität
10^{-4}	5/5	0	5	15	0	15/15	100
10^{-5}	5/5	0	5	10	0	10/10	100
10^{-6}	3/5	2	3	5	2	5/7	71,4
10^{-7}	2/5	3	2	2	5	2/7	28,6

Berechnung: Die 50%ige Mortalität liegt zwischen 2 Verdünnungen. Prozentsatz der Mortalität, welcher nächsthöher als 50% liegt = 71,4, Prozentsatz der Mortalität, welcher nächstniedriger als 50% liegt = 28,6.

$$\text{Abstandsfaktor} = \frac{71{,}4-50}{71{,}4-28{,}6} = \frac{21{,}4}{42{,}8} = 0{,}5.$$

log LD 50:

log der Verdünnungsstufe mit der nächst höheren Mortalität als 50% . . . . $-6{,}0$

+ (Abstandsfaktor $\times$ log des Faktors der Verdünnungsreihe) = $(0{,}5 \times 1{,}0)$ 0,5

log LD 50 $-6{,}5$

$$\text{Numerus von } -6{,}5 = 3160 = \frac{1}{3160000}$$

Titration einer Virusverdünnungsreihe.

Virusverdünnung:	10^0	10^{-1}	10^{-2}	10^{-3}	10^{-4}	10^{-5}	10^{-6}	10^{-7}	10^{-8}	10^{-9}
Mortalitätsrate:	5/5	5/5	5/5	5/5	5/5	5/5	5/5	5/5	2/5	0/5
LD 50 E:	10^8	10^7	10^6	10^5	10^4	10^3	10^2	10^1	10^0	—

LD 50 liegt bei dieser Titration höher als 10^{-8} und niedriger als 10^{-9}. Für praktische Zwecke genügt es gelegentlich den LD 50-Titer dieser Virussuspension mit 10^{-8} anzunehmen.

Enthält ein gegebenes Volumen der Virusverdünnung 10^{-8} eine LD 50-Einheit, so enthält ein gleiches Volumen der Verdünnung 10^0 entsprechend 10^8 LD 50-Einheiten.

Verdünnungsreihen.

Verdünnungsfaktor 2fach $1:2$ $1:4$ $1:8$ $1:16$ $1:32$ usw.
Verdünnungsfaktor 2
log des Verdünnungsfaktor 0,3010

Verdünnungsfaktor 10fach 10^{-1} 10^{-2} 10^{-3} 10^{-4} 10^{-5} usw.
Verdünnungsfaktor 10
log des Verdünnungsfaktor 1,0

Verdünnungsfaktor 3,2fach 10^{-1} $10^{-1,5}$ 10^{-2} $10^{-2,5}$ 10^{-3} $10^{-3,5}$
$1:10$ $1:100$ $1:1000$ usw.
$1:32$ $1:320$ $1:3200$
Verdünnungsfaktor 3,2
log des Verdünnungsfaktors 0,5

b) Nachweis eines Unterschiedes zwischen zwei Untersuchungsreihen.

Es kommt häufig vor, daß bei Tierexperimenten 2 Untersuchungsreihen miteinander verglichen werden sollen und festgestellt werden muß, wieweit die in den beiden Reihen beobachteten Unterschiede (Tod der Tiere oder Krankheitserscheinungen) „zufällig" entstehen können. Derartige Berechnungen können mit sog. 2×2 Tafeln, die nach der χ^2-Methode ausgewertet werden, durchgeführt werden.

Die Gesamtzahl der im Versuch stehenden Tiere wird in 2 Klassen unterteilt. Die eine Klasse setzt sich aus $(a+b)$-Tieren, die andere Klasse aus $(c+d)$-Tieren zusammen. Da beide Klassen in 2 Gruppen unterteilt sind, fallen auf die eine Gruppe $(a+c)$-Tiere, auf die andere Gruppe $(b+d)$-Tiere. Es ergeben sich somit 4 Unterklassen, die mit a, b, c, d bezeichnet werden.

Die Einordnung erfolgt nach folgendem Schema:

Allgemeine 2×2-Tafel.

Gruppe	Klasse		Gesamt
	A	B	
	Beobachtete Frequenzen (m +x).		
1	a	c	$(a+c)$
2	b	d	$(b+d)$
Gesamt	$(a+b)$	$(c+d)$	$(a+b+c+d)$
	Erwartete Frequenzen (m).		
1	$\dfrac{(a+b)\ (a+c)}{(a+b+c+d)}$	$\dfrac{(c+d)\ (a+c)}{(a+b+c+d)}$	$(a+c)$
2	$\dfrac{(a+b)\ (b+d)}{(a+b+c+d)}$	$\dfrac{(c+d)\ (b+d)}{(a+b+c+d)}$	$(b+d)$
Gesamt	$(a+b)$	$(c+d)$	$(a+b+c+d)$

Es soll nun festgestellt werden, wie häufig der zwischen den beiden Untersuchungsreihen (Gruppe 1 und 2) beobachtete Unterschied durch „Zufall" bedingt sein kann.

Zur Berechnung müssen die beobachteten Frequenzen mit den erwarteten Frequenzen verglichen werden:

$$\frac{(\text{beobachtete Frequenzen} - \text{erwartete Frequenzen})^2}{\text{erwartete Frequenzen}} \quad \text{oder} \quad \frac{x^2}{m}$$

worin x die Differenz zwischen erwartetem und beobachtetem Wert und m der erwartete Wert ist. Die Summe dieser Werte stellt χ^2 dar, das die Gesamtabweichung der beobachteten Werte von den erwarteten angibt:

$$\chi^2 = \sum \left(\frac{x^2}{m}\right).$$

Sind die erwarteten und die beobachteten Werte gleich, so ist $\chi^2 = 0$. In allen anderen Fällen stellt χ^2 einen positiven Wert dar und je größer der Unterschied zwischen erwarteten und beobachteten Frequenzen ist, um so größer wird der Wert für χ^2 sein. Jedem Wert für χ^2 entspricht ein Wert P, der angibt wie häufig der beobachtete Unterschied zwischen den beiden Untersuchungsreihen „zufällig" auftreten kann. P und χ^2 stehen in einer algebraischen Beziehung zueinander, steigt der Wert für χ^2 von 0 bis unendlich an, so fällt der Wert für P von 1 nach 0. Je kleiner der Wert für P ist, um so geringer ist die Wahrscheinlichkeit, daß der beobachtete Unterschied durch „Zufall" bedingt ist.

Wird für χ^2 ein Wert von ungefähr 4,0 gefunden, so entspricht diesem ein Wert $P - 0,05$, entsprechend 2mal der Standardabweichung. Der Unterschied in beiden Reihen wird dann, rein zufällig bedingt, in 5% (1mal unter 20) beobachtet werden. Werte für χ^2, die größer als 4,0 sind, und entsprechende Werte für P, die kleiner als 0,05 sind, sprechen dagegen, daß die beobachteten Unterschiede in beiden Reihen rein zufällig sind. Für einen Wert von $P = 0,015$ wird der beobachtete Unterschied zufällig 1mal unter 67 und für $P = 0,01$ 1mal unter 100 gefunden.

Die statistische Auswertung erlaubt naturgemäß nicht den Schluß, daß z. B. eine bestimmte Behandlung der einen Versuchsreihe den Unterschied beider Reihen bedingt. Sie kann nur zeigen, wie oft ein gleiches Ergebnis durch „Zufall" zustande kommen würde. Voraussetzung ist natürlich die Einheitlichkeit des Untersuchungsmaterials: die Tiere in jeder einzelnen Unterklasse müssen in gleichem Alter und gleichem allgemeinen Gesundheitszustand sein.

Die Berechnung mittels der χ^2-Methode kann nur verwendet werden, wenn der *erwartete* Wert in jeder Unterklasse größer als 5 ist. Ist der erwartete Wert in einer Unterklasse kleiner als 5, so müssen besondere Methoden angewendet werden (BROSS und DELANEY).

Der Wert für χ^2 kann bei 2×2-Tafeln, auch ohne daß die erwarteten Werte berechnet werden, durch folgende Formel (FISHER) gefunden werden:

$$\chi^2 = \frac{(a\,d - b\,c)^2\,(a + b + c + d)}{(a + b)\,(c + d)\,(a + c)\,(b + d)}.$$

worin a, b, c, d die 4 Unterklassen darstellen.

Ist die Zahl der Tiere in den einzelnen Unterklassen klein, so wird besser die Formel von YATES verwendet:

$$\chi^2 = \frac{[a\,d - b\,c - {}^1/_2\,(a + b + c + d)]^2\,(a + b + c + d)}{(a + b)\,(c + d)\,(a + c)\,(b + d)},$$

worin $a\,d$ das größere der beiden Produkte ($a\,d$ und $b\,c$) darstellt.

Beispiel 1. Mäuse wurden mit einem Toxin vorbehandelt, die Kontrolltiere erhielten statt des Toxins eine gleiche Menge Kochsalzlösung. Alle Tiere wurden 24 Std später mit einem Virusstamm infiziert.

Es ergaben sich nach Abschluß einer 30tägigen Beobachtungszeit folgende Werte:

Gruppe	Klasse		Gesamt
	A überlebend	B gestorben	
Gruppe 1 toxinvorbehandelt . . .	100	40	140
Gruppe 2 nicht vorbehandelt . . .	80	10	90
Gesamt	180	50	230

$$\chi^2 = \frac{[(100 \times 10) - (80 \times 40)]^2 \times 230}{180 \times 50 \times 140 \times 90} = 9,8.$$

Der χ^2 entsprechende Wert für P beträgt: $P = < 0,01$. Der zwischen Gruppe 1 und 2 beobachtete Unterschied wird „zufällig" weniger als 1mal unter 100 auftreten.

Beispiel 2. Mäuse wurden mit einem anderen Toxin vorbehandelt, sonstige Versuchsbedingungen wie in vorigem Beispiel:

Es ergaben sich folgende Werte:

Gruppe	Klasse		Gesamt
	A überlebend	B gestorben	
Gruppe 1 toxinvorbehandelt. . . .	100	40	140
Gruppe 2 nicht vorbehandelt . . .	30	10	40
Gesamt	130	50	180

$$\chi^2 = \frac{[(100 \times 10) - (30 \times 40)]^2 \times 180}{130 \times 50 \times 140 \times 40} = 0,19.$$

Der χ^2 entsprechende Wert für P beträgt: $P = 0,65$. Der zwischen Gruppe 1 und 2 beobachtete Unterschied wird „zufällig" etwa 1mal unter 1,5 auftreten.

<h3 style="text-align:center">Literatur.</h3>

ARMITAGE, P., and J. ALLEN: Methods of estimating the LD 50 in quantal response data. J. of Hyg. 48, 298 (1950).

BEHRENS, B.: Zur Auswertung der Digitalisblätter im Froschversuch. Arch. exper. Path. Pharmakol. 140, 237 (1929). — BROSS, I. J., and DELANEY: Significance tests for 2×2 tables. Amer. J. Hyg. 55, 357 (1952).

EMMENS, C. W.: Principles of biological assay. London: Chapman a. Hall 1948.

FISHER, R. A.: Statistical methods for research workers 11. Aufl. Edinburgh: Oliver a. Boyd 1950.

HILL, A. B.: Principles of medical statistics 5. Aufl. Lancet 1950.

MAINLAND, D.: The treatment of clinical and laboratory data. Edinburgh: Oliver a. Boyd 1938. — MAINLAND, D., and I. M. MURRAY: Tables for use in fourfold contingency tests. Science (Lancaster, Pa.) 116, 591 (1952).

PIZZI, M.: Sampling variation of the fifty per cent endpoint determined by the Reed-Muench (Behrens) method. Human. Biol. 22, 151 (1950).

REED, L. J., and H. MUENCH: A simple method of estimating fifty per cent endpoints. Amer. J. Hyg. 27, 493 (1938).

9. Herstellung von Verdünnungsreihen für Virussuspensionen.

Bei der Herstellung von Verdünnungsreihen einer Virussuspension müssen folgende Punkte beachtet werden:

1. Das Virus muß in dem Aufschwemmungsmedium völlig homogen und frei von Gewebepartikeln verteilt sein. Nach Zerkleinerung des Gewebes im „Starmix" oder im Glasmörser wird die Suspension zentrifugiert, um gröbere Partikel, Zellen und Zelldetritus niederzuschlagen.

2. Der aktive Zustand des Virus muß während der Versuchszeit erhalten bleiben. Hierzu ist eine Kontrolle der Temperatur und der Reaktion des Aufschwemmungsmediums nötig.

3. Für jede Verdünnung muß eine eigene Pipette verwendet werden.

4. Die Verdünnungen müssen so angesetzt werden, daß jede Verdünnung von der nächsthöheren Konzentration aus vorgenommen wird.

<h3 style="text-align:center">Verdünnungsreihen.</h3>

Reihe mit dem Verdünnungsfaktor 10:

Ausgangsflüssigkeit	0,2 ml	⎫
Lösungsmittel	1,8 ml	⎬ 1 ml

Lösungsmittel　　　　　　　　　　9 ml → 9 ml → 9 ml → 9 ml → 9 ml →

Verdünnung　　　　10^{-1}　　10^{-2}　10^{-3}　10^{-4}　10^{-5}　10^{-6}

Überpipettieren jeweils 1 ml.

Jedes Röhrchen enthält 10% des Ausgangsmaterials des vorhergehenden Röhrchens.

Reihe mit dem Verdünnungsfaktor 2:

Ausgangsflüssigkeit   0,2 ml ⎱
Lösungsmittel   0,8 ml ⎰ 0,5 ml
                                    ↓
Lösungsmittel   0,5 ml → 0,5 ml → 0,5 ml → 0,5 ml →
Verdünnung   1:5   1:10   1:20   1:40   1:80
                                    Überpipettieren jeweils 0,5 ml.

Jedes Röhrchen enthält 50% des Ausgangsmaterials des vorhergehenden Röhrchens.

Literatur.

DOERR, R., u. S. SEIDENBERG: Zur Theorie und Methodik der quantitativen Auswertung filtrierbarer Virusarten. Z. Hyg. 115, 194 (1933).

10. Serologisch-immunologische Methoden.

a) Die Komplementbindungsreaktion.

Die Komplementbindungsreaktion, die mit einer Virussuspension als Antigen angesetzt wird, unterscheidet sich in der Technik kaum von der Wa.R. Als Antigen wird eine Aufschwemmung virushaltigen Gewebes oder virushaltiger extraembryonaler Hühnereiflüssigkeit verwendet. In die Versuchsanordnung ist eine Normalantigenkontrolle eingebaut, die mit Normalgewebe bzw. normaler Eiflüssigkeit angesetzt wird. Dieses Normalantigen wird auf gleiche Art gewonnen und verarbeitet wie das entsprechende Virusantigen. Diese Kontrolle dient dazu, etwaige unspezifische Reaktionen des zu prüfenden Serums mit dem Gewebe bzw. der Flüssigkeit, in welcher die Viruspartikel aufgeschwemmt sind, auszuschalten. Als weitere Kontrollen müssen bei jedem Versuch Antisera von bekanntem Titer (Immunsera) sowie negative Sera mit angesetzt werden.

Die zu verwendende Komplementdosis muß genau eingestellt werden. Wird zuviel Komplement verwendet, so werden schwach positiv reagierende Sera nicht erfaßt. Bei zuwenig Komplement werden zuviel unspezifische Hemmungen beobachtet.

Die Komplementbindungsreaktion kann unter anderem bei folgenden Virus- und Rickettsieninfektionen diagnostisch angewandt werden: Influenza, Mumps, Herpes, lymphocytäre Choriomeningitis, Pocken, Lymphogranuloma inguinale, Psittakose, Fleckfieber, Q-Fieber.

Die Diagnose wird aus dem Anstieg der Antikörper im Ablauf der Erkrankung gestellt, so daß es erforderlich ist, Serum aus der akuten Krankheitsphase und der Rekonvaleszenz miteinander zu vergleichen.

Bei einem negativen Ausfall der Reaktion bei Patienten mit typischen Krankheitsbildern ist zu beachten, daß unter Umständen der zur Herstellung des Antigens verwendete Stamm mit dem, welcher die Infektion hervorrief, in der Antigenstruktur nicht identisch ist.

Serum.

Das entnommene Patientenblut wird etwa 30 min bei Zimmertemperatur gehalten, der Blutkuchen von der Wand des Glases abgelöst und 20 min bei 2500 Umdrehungen je Minute zentrifugiert. Das klare Serum wird abpipettiert. Sera, die länger als 48 Std vor Durchführung der Komplementbindungsreaktion aufbewahrt werden müssen, werden in Ampullen abgefüllt und bei — 70⁰ C in der Trockeneistruhe aufbewahrt. Bei Sera, die längere Zeit bei + 4⁰ C aufbewahrt werden, sinkt der Antikörpergehalt, sie werden antikomplementär, so daß es schwierig oder unmöglich wird, sie in schwächeren Verdünnungen zu untersuchen.

Da die Reaktionen manchmal wiederholt werden müssen, wird nichtbenötigtes Serum so lange aufbewahrt, bis sämtliche Untersuchungen abgeschlossen sind. Wichtige Sera können 2mal untersucht werden, möglichst mit verschiedenen Antigenchargen.

Als positive Kontrollsera werden am besten Tierimmunsera verwendet. Stehen solche nicht zur Verfügung, so können menschliche Rekonvaleszentensera von bekanntem Titer verwendet werden.

Die Sera werden direkt vor Durchführung der Komplementbindungsreaktion inaktiviert und zwar jeweils 20 min bei folgenden Temperaturen:

Sera von Meerschweinchen	+56⁰ C
Sera von Mensch, Pferden, Mäusen	+60⁰ C
Sera von Affen	+62⁰ C
Sera von Hunden, Kaninchen, Hamstern	+65⁰ C.

(Letztere Sera müssen in verdünntem Zustand inaktiviert werden, um eine Hitzekoagulation zu verhindern.)

Hammelblutkörperchen.

Das Hammelblut wird in einer Glasschliffflasche, deren Boden mit Glasperlen bedeckt ist, aufgefangen und durch Schütteln 10—15 min defibriniert. Es wird dann durch Gaze filtriert und im Eisschrank aufbewahrt. Die Haltbarkeit des defibrinierten Blutes beträgt etwa 5—6 Tage, vorausgesetzt, daß es aseptisch gewonnen wurde. Citratblut und Blut, welches durch verschiedene Zusätze (z. B. Alsever Flüssigkeit) haltbar gemacht wurde, kann verwendet werden. Zum Versuch wird eine für die einzelnen Arbeitsgänge ausreichende Menge entnommen und in graduierten Zentrifugenröhrchen mit einem Überschuß von 0,85% Kochsalzlösung 3mal gewaschen. Der Überstand muß nach dem letzten Zentrifugieren farblos sein.

Es wird eine 2%ige Lösung der Erythrocyten in 0,85% Kochsalzlösung angesetzt. Diese kann, wenn sie bei +4° C aufbewahrt wird, an 2 aufeinanderfolgenden Tagen verwendet werden.

Wird das Blut vom Schlachthof bezogen, so erhält man gelegentlich Erythrocyten mit einer erhöhten Resistenz gegen die Hämolyse. Dieses ist nicht zu verwenden.

Hämolytischer Amboceptor.

Es wird ein handelsüblicher geprüfter Amboceptor mit einem Titer 1:4000 verwendet. Der Amboceptor ist jahrelang haltbar. Der hämolytische Amboceptor wird mit einer Komplementverdünnung 1:30 titriert. Die höchste Verdünnung des Amboceptors, die noch eine vollständige Hämolyse bewirkt, entspricht einer Einheit. Die Komplementauswertung und der Hauptversuch werden mit 2 E in 0,25 ml angesetzt.

Beträgt eine Einheit weniger als 0,25 ml der Amboceptorverdünnung 1:1000, so ist entweder der Amboceptor unbrauchbar oder aber es liegt eine erhöhte Resistenz der Erythrocyten gegenüber der Hämolyse vor.

Komplement.

Besonderer Wert muß auf die Auswahl des Komplements gelegt werden. Manche Meerschweinchensera zeigen, besonders in Gegenwart der löslichen Virusantigene, eine unspezifische Bindung (die Antigenkontrolle zeigt keine vollständige Lösung). Diese ist deutlicher bei der Bindung 16—18 Std bei +6 bis +8° C, als bei der einstündigen Bindung bei +37° C, wie sie bei der Komplementauswertung durchgeführt wird. Jedes Komplement muß vorher auf seine Brauchbarkeit mit dem betreffenden Antigen geprüft werden.

Das Komplement wird durch Entbluten männlicher Meerschweinchen aus den Halsgefäßen gewonnen. Das Blut wird durch einen Trichter in mehreren Zentrifugenröhrchen aufgefangen. Brauchbares Komplement wird in entsprechenden Mengen in Glasampullen abgefüllt und bei —70° C in der Trockeneistruhe aufbewahrt. Der Titer des Komplements bleibt so viele Monate konstant.

Zur Auswertung wird das Komplement mit 0,85%iger Kochsalzlösung im Verhältnis 1:30 verdünnt und in Gegenwart des entsprechend verdünnten Antigens titriert. Die kleinste Menge Komplement, die noch eine vollständige Hämolyse bewirkt, entspricht einer Einheit. Im Hauptversuch werden 2 E in 0,5 ml verwendet.

Komplement und Komplementverdünnungen sind immer im Eisschrank oder in Eiswasser zu halten. Die Kochsalzlösung, mit welcher die Komplementverdünnungen hergestellt werden, muß auf $+4^0$ C abgekühlt sein.

Zur Abmessung der kleinen Volumina der Komplementverdünnung werden geeichte 0,2 ml und 0,1 ml Pipetten verwendet.

Veronalpuffer.

Zur Verdünnung der Reagentien, zum Waschen der Erythrocyten kann isotonische 0,85%ige Kochsalzlösung verwendet werden.

Es werden schärfer ablesbare Reaktionen erzielt, wenn an Stelle der Kochsalzlösung ein Veronalpuffer benutzt wird (MAYER, OSLER, BIER, HEIDELBERGER). Der Veronalpuffer (p_H 7,3—7,4) hat folgende Zusammensetzung:

NaCl, pro analysi	8,5 g
Veronal	0,575 g
Veronal-Natrium	0,375 g
$MgCl_2 \cdot 6\,H_2O$	0,168 g
$CaCl_2$, wasserfrei	0,028 g
($CaCl_2 \cdot 6\,H_2O$ enthält 50,66% $CaCl_2$)	
Aqua dest. ad	1000,0 g

Das Veronal wird in 500 ml heißem Aqua dest. gelöst, die anderen Reagentien zugefügt und auf 1000 ml aufgefüllt.

Ausführung der Komplementbindung.

Amboceptor- und Komplementauswertung.

Die Amboceptor- und die Komplementauswertung werden zu gleicher Zeit angesetzt. Es steht dann am Ende der ersten Phase der Komplementauswertung die Gebrauchsdosis für den Amboceptor fest.

Die Amboceptorverdünnungen 1:10 und 1:100, die bei der Amboceptorauswertung nicht benötigt wurden, werden im Eisschrank aufbewahrt und für die Komplementauswertung und den Hauptversuch verwendet.

Zur Verdünnung des Antigens wird eine entsprechende Menge Kochsalzlösung in einen ERLENMEYER-Kolben gegeben und unter stetem Umschwenken das Antigen tropfenweise zugesetzt. Die Antigenverdünnungen sind immer in gleicher Weise zu bereiten.

Das hämolytische System wird 10—15 min vor Gebrauch angesetzt. Die entsprechende Menge der Erythrocytensuspension wird in einen ERLENMEYER-Kolben gegeben und unter stetem Umschwenken eine gleiche Menge der Amboceptorverdünnung portionsweise (je 10—20 ml) zugegeben.

Berechnung der benötigten Komplementverdünnung: Eine Komplementeinheit ist die Komplementmenge, die in dem ersten Röhrchen enthalten ist, das noch eine vollständige Hämolyse zeigt. Bei der Bindung des Systems 60 min bei + 37° C im Wasserbad werden 2 Komplementeinheiten in 0,5 ml für den Hauptversuch verwendet. Diese Komplementmenge genügt manchmal nicht, wenn die Bindung 15 bis 18 Std bei + 6 bis + 8° C durchgeführt wird. Es wird dann nicht die stärkste Komplementverdünnung, welche noch eine vollständige Hämolyse bewirkt, als eine Einheit angenommen, sondern die nächstschwächere Verdünnung, die also 0,02 ml mehr Komplement der Verdünnung 1:30 enthält.

Für die Herstellung der Komplementverdünnung wird folgende Formel benutzt:

$$\frac{\text{Komplementverdünnung (30)}}{\text{Volumen, welches 2 Komplementeinheiten entspricht}} \times 0,5 = \text{Gebrauchsverdünnung.}$$

Nach der Amboceptorauswertung wird die entsprechende Amboceptorverdünnung für den Tagesbedarf hergestellt (bei + 4° C halten). Nach der Komplementauswertung wird die entsprechende Komplementverdünnung für den Tagesbedarf hergestellt (bei + 4° C halten). Die 2%ige Erythrocytensuspension, wie auch die Antigenverdünnung werden für den Tagesbedarf hergestellt und bei +4° C gehalten.

Hauptversuch.

Ansatz für jedes Serum:

1. Das Röhrchen 1 erhält 0,75 ml Kochsalzlösung, die Röhrchen 4—8 erhalten je 0,25 ml Kochsalzlösung.

2. Röhrchen 1 erhält 0,25 ml des zu untersuchenden inaktivierten Serums.

Aus dem Röhrchen 1 werden je 0,25 ml in die Röhrchen 2, 3 und 4 pipettiert.

Aus dem Röhrchen 4 werden 0,25 ml in Röhrchen 5 pipettiert, aus diesem 0,25 ml in Röhrchen 6 und so weiter (2fache Verdünnungsreihe). Aus dem Röhrchen 8 werden 0,25 ml verworfen.

Es werden dadurch folgende Serumverdünnungen hergestellt:

Röhrchen 1, 2, 3	Serumverdünnung 1:4	
Röhrchen 4	Serumverdünnung 1:8	
Röhrchen 5	Serumverdünnung 1:16	je 0,25 ml
Röhrchen 6	Serumverdünnung 1:32	
Röhrchen 7	Serumverdünnung 1:64	
Röhrchen 8	Serumverdünnung 1:128	

Röhrchen 1 = Serumkontrolle

Röhrchen 2 = Normalantigenkontrolle

3. Die Röhrchen 3—8 erhalten je 0,25 ml Antigenverdünnung (2 E).

4. Röhrchen 1 erhält statt Antigen 0,25 ml Kochsalzlösung.

5. Röhrchen 2 erhält statt Virusantigen 0,25 ml Normalantigen.

6. Jedes Röhrchen erhält 0,5 ml Komplementverdünnung (2 E).

7. Inhalt der einzelnen Röhrchen durch Umschwenken mischen.
Bindung bei 37° C (Wasserbad) 60 min oder +6 bis +8° C 15—18 Std.

8. Zusatz des hämolytischen Systems, 0,5 ml je Röhrchen.

9. Inhalt der einzelnen Röhrchen durch Umschwenken mischen.
Wasserbad 37° C, 15—30 min.

Sind die Kontrollen vollständig gelöst, so bleiben die Röhrchen
noch 15 min bei 37° C. Unspezifische und Zonenreaktionen können so
ausgeschaltet werden. Echte Reaktionen bleiben bestehen, sie sollen
auch noch nach einer weiteren Stunde bei Zimmertemperatur erhalten
sein.

10. Ablesung:
Es wird nur eine 75- und 100%-Hämolyse gewertet.

Positiv: Hemmung der Hämolyse von Röhrchen 3 an. Vollständige
Hämolyse in den Röhrchen 1 und 2.

Negativ: Vollständige Hämolyse sowohl in den Röhrchen 1 und 2
als auch 3—8.

Kontrollen. Zu jedem Hauptversuch müssen folgende Kontrollen
angesetzt werden:

Antigenkontrolle (Virusantigen)	} Diese Kontrollen
Normalantigenkontrolle (Normalgewebe)	} müssen eine vollstän-
Komplementkontrolle	} dige Hämolyse zeigen.

Blutkörperchenkontrolle
Diese Kontrolle muß eine vollständige Hemmung der Hämolyse
 zeigen.

Positives Kontrollserum (Immunserum) wird wie das zu unter-
suchende Serum angesetzt. Steht eine größere Menge Kontrollserum
zur Verfügung und wird immer das gleiche Serum zur Kontrolle angesetzt,
so können Fehler der Reaktion leicht durch seine Titerschwankungen
erkannt werden.

Zeitdauer der Bindung.

Die Zeitdauer und die Temperatur, die gewählt werden, um die
Bindung des Komplements an das Antigen und den spezifischen Antikörper zu gewährleisten, wechseln. Während früher die Komplementbindung immer 1 Std bei +37° C vorgenommen wurde, hat JACOBSTHAL
eine längere Bindungszeit bei niederer Temperatur vorgeschlagen. Die
Bindung in der Kälte (+6 bis +8° C, 16—18 Std) steigert die Empfind-
lichkeit der Reaktion, ohne die Spezifität zu beeinflussen. Erfolgt die
Bindung bei +6 bis +8° C, so wird das hämolytische System zugefügt,

nachdem die Röhrchen durch Einstellen in ein Wasserbad von $+37^0$ C 5—10 min auf Raumtemperatur gebracht worden sind.

Herstellung der Amboceptorverdünnungen.

1 Einheit	2 Einheiten	Verdünnung: 1 ml Amboceptor (1:100)+ ml NaCl 0,85%	1 Einheit	2 Einheiten	Verdünnung: 1 ml Amboceptor (1:100)+ ml NaCl 0,85%
1:2000	1:1000	9	1:7000	1:3500	34
1:3000	1:1500	14	1:8000	1:4000	39
1:4000	1:2000	19	1:9000	1:4500	44
1:5000	1:2500	24	1:10000	1:5000	49
1:6000	1:3000	29			

Herstellung der Komplementverdünnungen.

1 Einheit	2 Einheiten	2 Einheiten in 0,5 ml entsprechen einer Gebrauchsverdünnung	Verdünnung: 1 ml Komplement + ml NaCl 0,85%
0,10	0,20	1:75	74
0,12	0,24	1:62	61
0,14	0,28	1:54	53
0,16	0,32	1:47	46
0,18	0,36	1:42	41
0,20	0,40	1:37	36
0,22	0,44	1:34	33
0,24	0,48	1:31	30
0,26	0,52	1:29	28
0,28	0,56	1:27	26
0,30	0,60	1:25	24
0,32	0,64	1:23	22

I. Amboceptorauswertung.

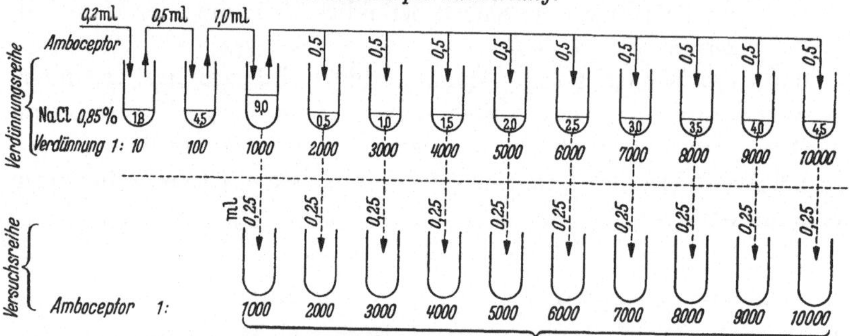

+0,25 ml Komplementverdünnung 1:30 (0,2 + 5,8)
+0,75 ml NaCl 0,85%
+0,25 ml Hammelerythrocytensuspension 2%

Inhalt der einzelnen Röhrchen mischen — Wasserbad 37⁰ C, 60 min

Ablesung. Eine Amboceptoreinheit ist 0,25 ml der höchsten Verdünnung, welche noch eine vollständige Hämolyse bewirkt. Eine Amboceptoreinheit muß 0,25 ml einer Verdünnung 1:2000 oder höher entsprechen (sonst unbrauchbarer Amboceptor oder erhöhte Resistenz der Erythrocyten).

II. Komplementauswertung.

	Röhrchen-Nr.											
	1	2	3	4	5	6	7	8	9	10	11	12
Komplement 1:30 ml	0,08	0,10	0,12	0,14	0,16	0,18	0,20	0,22	0,24	0,26	0,28	0,30
NaCl 0,85% ml . . .	0,67	0,65	0,63	0,61	0,59	0,57	0,55	0,53	0,51	0,49	0,47	0,45
Antigen 2 E ml . . .	0,25	0,25	0,25	0,25	0,25	0,25	0,25	0,25	0,25	0,25	0,25	0,25

Inhalt der einzelnen Röhrchen mischen. Wasserbad 37⁰ C, 60 min

Hämolyt. System ml . | 0,50 | 0,50 | 0,50 | 0,50 | 0,50 | 0,50 | 0,50 | 0,50 | 0,50 | 0,50 | 0,50 | 0,50

Inhalt der einzelnen Röhrchen mischen. Wasserbad 37⁰ C, 60 min.

Ablesung: Das kleinste Volumen der Komplementverdünnung 1:30, das noch eine vollständige Hämolyse bewirkt, entspricht einer Einheit.

III. Hauptversuch.

	Röhrchen-Nr.								Antigen-kontrolle	Komple-ment-kontrolle	Blutkörper-kontrolle	Normal-antigen-kontrolle
	1	2	3	4	5	6	7	8				
Serumverdünnung . .	1:4	1:4	1:4	1:8	1:16	1:32	1:64	1:128				
Milliliter	0,25	0,25	0,25	0,25	0,25	0,25	0,25	0,25	0	0	0	0
Antigen 2 E ml . . .	0	0,25[1]	0,25	0,25	0,25	0,25	0,25	0,25	0,25	0	0	0,25[1]
Komplement 2 E ml .	0,50	0,50	0,50	0,50	0,50	0,50	0,50	0,50	0,50	0,50	0	0,50
NaCl 0,85% ml . . .	0,25	0	0	0	0	0	0	0	0,25	0,50	1,0	0,25

Inhalt der einzelnen Röhrchen mischen.

Wasserbad 37⁰ C, 60 min oder 6—8⁰ C, 15—18 Std, 5—10 min Wasserbad, 37⁰ C.

Hämolyt. System ml . | 0,50 | 0,50 | 0,50 | 0,50 | 0,50 | 0,50 | 0,50 | 0,50 | 0,50 | 0,50 | 0,50 | 0,50

Inhalt der einzelnen Röhrchen mischen. Wasserbad 37⁰ C, 15—30 min.

[1] Normalantigen.

Literatur.

BUKANTZ, S. C., C. R. REIN and J. F. KENT: Studies in complement fixation. II. Preservation of sheep's blood in citratedextrose mixtures (modified Alsever's solution) for use in complement fixation. J. Labor. a. Clin. Med. **31**, 394 (1946).

KOLMER, J. A., and F. BOERNER: Approved laboratory technique. Appleton Century Co. 1945.

Lederle Laboratories Division, American Cyanamid Company, New York: Viral and rickettsial serodiagnostic antigens. 1952.

MAYER, M. M., A. G. OSLER, O. G. BIER and M. HEIDELBERGER: The activating effects of magnesium and other cations on the hemolytic function of complement. J. of exper. Med. **84**, 535 (1946).

SCHJERNING-THIESEN, K.: Experiments on the stability of sheep erythrocytes stored in ALSEVERs solution. Acta path. scand. (København.) **32**, 198 (1953).

Die Komplementbindungsreaktion mit der Tropfenmethode
(Fulton und Dumbell).

Die Tropfenmethode von Fulton und Dumbell ist für die Titration von Antigenen und für Serumtitrationen unerläßlich, wenn nur geringe Mengen zur Verfügung stehen. Die Reaktion wird auf Platten, die aus Plexiglas hergestellt sind, ausgeführt. Diese sind in quadratische Felder eingeteilt, die horizontal mit Buchstaben bezeichnet und vertikal numeriert sind. Jedes einzelne Quadrat hat eine Seitenlänge von 3,5 cm. Die Platten werden in entsprechende Gestelle geschoben und in einem Metallbehälter, der luftdicht verschlossen werden kann, bei $+4^0$ C bzw. $+37^0$ C gehalten.

Die Verdünnungen des Serums, des Antigens bzw. des Komplementes werden in Reagensgläsern hergestellt. Sie werden tropfenweise mit einer Spritze und Kanüle auf die entsprechenden Felder der Platte gegeben. Die Spitze der Kanüle ist abgeschliffen, die 1 ml-Spritze oben mit einem Gummitropfer versehen. Die Weite der Kanüle ist so zu wählen, daß genau 20 mm³ Aqua dest. je Tropfen entleert werden. Es wird immer die gleiche Spritze und Kanüle verwendet, die jeweils mit dem in der Reaktion benutzten Puffer durchgespült wird.

Es werden zunächst die Serumverdünnungen, je 1 Tropfen, auf die entsprechenden Felder verteilt, dann die entsprechenden Komplement- und Antigenverdünnungen, jeweils 1 Tropfen, zugegeben. Die Platten werden in den Gestellen in den Metallbehälter, dessen Boden mit Watte und kleingeschlagenem Eis bedeckt ist, gegeben und luftdicht verschlossen. Nach einer Bindung von 16—18 Std bei $+4^0$ C werden jedem Feld je 2 Tropfen (40 mm³) sensibilisierter Hammelerythrocyten zugegeben. Die Platten werden nun mit dem Metallbehälter im Brutschrank bei $+37^0$ C gehalten. Die Reaktion wird nach 1—2 Std abgelesen. Die nichthämolysierten Erythrocyten sammeln sich in der Mitte des Tropfens. Aus der Größe des Erythrocytensedimentes und der Farbe des Überstandes kann der Grad der Hämolyse abgelesen werden.

Literatur.

Fulton, F., and K. R. Dumbell: The serological comparison of strains of influenza virus. J. Gen. Microbiol. **3**, 97 (1949).

Kraft, L. M., and J. L. Melnick: Immunological reaction of the coxsackievirus. II. Complement fixation test. J. of Exper. Med. **92**, 483 (1950).

Svedmyr, A., J. F. Enders and A. Holloway: Complement fixation with Brunhilde and Lansing Poliomyelitis viruses propagated in tissue culture. Proc. Soc. Exper. Biol. a. Med. **79**, 296 (1952).

Antigene für die Komplementbindungsreaktion.

Dem Antigen kommt, da es die Spezifität bestimmt, die größte Bedeutung bei der Komplementbindungsreaktion zu. Da sich Viren und Rickettsien nur in lebenden Zellen vermehren, ist in der als Antigen verwendeten Virus-Zellsuspension fast immer mehr oder weniger Wirtsgewebe enthalten. Antigene, die aus infiziertem Gewebe, Gewebekulturen oder Hühnerembryonen gewonnen sind, zeigen aber oft eine positive Reaktion mit immunologisch dem Antigen nicht entsprechenden Sera, insbesondere mit Sera der Syphilitiker (unspezifische Reaktion). Andererseits kann das Antigen mit dem Komplement, ohne Anwesenheit eines spezifischen Antikörpers, reagieren (antikomplementäre Wirkung). Besondere Aufarbeitungsverfahren sind entwickelt worden (hochtourige Zentrifugierung, Frieren und Auftauen, Extraktion mit Lipoidlösungsmitteln, Fällung mit Methylalkohol), um diese Komponenten auszuschalten.

Es wird zwischen „viralem" (V) und „löslichem" (S) Antigen unterschieden. Bei dem „viralen" Antigen stellen die Virus- oder Rickettsienpartikel selbst das Antigen dar. Die „löslichen" Antigenpartikel sind bedeutend kleiner, sind nicht infektiös und rufen teilweise Immunreaktionen hervor. „Lösliche" Antigene sind bei Rickettsien und den größeren Virusarten nachgewiesen worden.

Herstellung von Antigenen für die Komplementbindungsreaktion.

Herstellung von Antigenen für die neurotropen Virusarten.

Für die neurotropen Virusarten (Tollwut, Japanische B-Encephalitis, St. Louis-Encephalitis) werden Antigene aus infiziertem Hirngewebe gewonnen. Die im Hirngewebe vorhandenen Lipoide müssen jedoch beseitigt werden, um unspezifische und antikomplementäre Eigenschaften auszuschalten. Die mit den unten beschriebenen Techniken gewonnenen Antigene sind virulent. Eine Inaktivierung ist durch ultraviolettes Licht ohne Einbuße der antigenen Eigenschaften möglich.

Methode von CASALS *(1949).* Die zerkleinerten Gehirne werden erst mit Aceton behandelt und dann die Lipoide, die in Aceton unlöslich sind, mit Äther entfernt. Durch diese schnell und sicher arbeitende Methode erhält man haltbare lipoidfreie Trockenpulver. Die aus diesen Präparaten mit Puffern gewonnenen Extrakte sind schwach getrübt; die Trübung ist nicht durch Lipoide, sondern durch Eiweiß bedingt. Es ist besonders zu beachten, daß zuerst schnell gearbeitet werden muß, da das Aceton je nach Wassergehalt beträchtliche Virusmengen löst und wäßriges Aceton bei längerer Einwirkung zu einem starken Titerabfall führen kann. Es wird daher der Gehirnbrei sofort mit viel Aceton behandelt und dieses schnell gewechselt. Im Vergleich zu anderen Methoden ist die Einfachheit dieses Verfahrens hervorzuheben.

Ausführung. Die infizierten Tiere werden mit Äther narkotisiert und durch Durchschneidung der Halsgefäße entblutet. Die Gehirne werden steril entnommen, sofort eingefroren und gewogen. Sie werden dann mit 20 Volumen (Gewicht/Volumen) eiskaltem Aceton versetzt und in dem Starmix, der von einem Eiswassermantel umgeben ist, 3 min zerkleinert. Die erhaltene Suspension wird bei 1500 Umdrehungen je Minute 2 min lang zentrifugiert. Der Überstand wird abpipettiert und verworfen. Bis zu diesem Arbeitsgang muß möglichst schnell gearbeitet werden. Dem Sediment werden wiederum 20 Volumen Aceton zugegeben, entsprechend dem ursprünglichen Hirngewicht. Das Zentrifugenglas wird nun mit einem Korkstopfen verschlossen und unter gutem Durchschütteln in Intervallen von 5 min, 20 min bei $+4^0$ C gehalten. Nach Zentrifugieren bei 1500 Umdrehungen je Minute 2 min lang wird der Überstand wieder verworfen und dem Bodensatz 20 Volumen einer Mischung gleicher Teile von Aceton und Äther (wasserfrei) zugesetzt. Diese Suspension wird 20 min bei $+4^0$ C gehalten, alle 5 min gut durchgeschüttelt und nach dem Zentrifugieren, 1500 Umdrehungen je Minute 2 min, der Überstand verworfen. Das Sediment wird nun mit 20 Volumen Äther versetzt, 20 min bei $+4^0$ C gehalten und wieder zentrifugiert. Es erfolgt nochmals Zugabe von 20 Volumen Äther zu dem Sediment. Nach erneutem Zentrifugieren wird der Überstand verworfen und das Sediment im Vakuum getrocknet. Hierzu wird das Zentrifugenglas mit einer Ölvakuumpumpe verbunden. Zwischen das Zentrifugenglas und die Vakuumpumpe soll ein mit Öl getränkter Wattebausch geschaltet werden, um zu verhindern, daß von dem staubtrockenen Pulver Partikelchen in die Vakuumpumpe gesogen werden. Völlige Trocknung wird je nach Menge in 15—60 min erreicht. Nachdem der Äther abgedampft ist, bleibt das Sediment als feines trockenes Pulver zurück. Das getrocknete Sediment kann bei $+4^0$ C jahrelang aufbewahrt oder aber sofort in 0,85%iger Kochsalzlösung resuspendiert werden. Die Menge der zugegebenen Kochsalzlösung kann zwischen dem 2- und 5fachen des ursprünglichen Hirngewichts liegen (Gewicht/Volumen), je nachdem, welche Konzentrierung erwünscht ist. Es wird im allgemeinen das 2fache des ursprünglichen Volumens an Kochsalzlösung zugesetzt. Die Suspension wird dann 18 Std bei $+4^0$ C gehalten und in einer Winkelzentrifuge bei 10000 Umdrehungen je Minute 1 Std zentrifugiert. Der Überstand, der das Antigen darstellt, wird abpipettiert und „Merthiolate" in einer Endkonzentration von 1:10000 zugesetzt. Das Antigen wird in Ampullen abgefüllt und bei —70° C aufbewahrt. Es hält sich mindestens 4 Monate unverändert.

Methode von DE BOER *und* COX *(1947)*, ESPANA *und* HAMMON *(1947)*. Diese Methode benutzt die Tatsache, daß die Entfernung der Lipoide verhältnismäßig leicht gelingt, wenn das durch Gefriertrocknung erhaltene Organpulver mit Lipoidlösungsmitteln behandelt wird. Hierzu hat sich Benzol als besonders geeignet erwiesen. Mit Aceton und

Äther werden weniger gute Resultate erzielt. Während dieses Arbeitsganges sind einige Virusarten gegen Spuren von Feuchtigkeit außerordentlich empfindlich. Die Durchführung dieser Methode dauert länger als die vorher beschriebene und ist an eine spezielle Apparatur, den Gefriertrocknungsapparat, gebunden.

Ausführung: Die virusinfizierten Tiere werden mit Äther narkotisiert und entblutet. Von den steril entnommenen Gehirnen wird mit destilliertem Wasser im eisgekühlten Starmix eine 20%ige Suspension hergestellt (Gewicht/Volumen), die etwa 6 Std bei $+4^0$ C gehalten wird. Je 25 ml der Suspension werden in Ampullen von 250 ml Inhalt eingefüllt und die Suspension in Trockeneisalkohol eingefroren und gefriergetrocknet. Das getrocknete und pulverisierte Gewebe wird dann mit Benzol extrahiert. Es wird die doppelte Menge des ursprünglichen Volumens (50 ml) zugesetzt. Nach 30 min Einwirkung des Benzols bei Zimmertemperatur wird das Benzol durch Filtration auf einer Glasfilternutsche (Korngröße 3, Schott & Gen.) unter Vakuum entfernt. Es werden 2 weitere Benzolextraktionen auf dem Filter vorgenommen, das Benzol wird, wiederum je 50 ml, für 30 min auf dem Filter belassen. Mit einem Glasspatel wird bei jeder neuen Extraktion gut durchgemischt. Die Glasfilternutsche wird nun umgekehrt in ein Becherglas gebracht und unter Vakuum in einem Exsiccator das restliche Benzol entfernt bis das Pulver getrocknet ist. Das Gewebepulver wird in 0,85%iger Kochsalzlösung in einer dem Ausgangsvolumen entsprechenden Menge resuspendiert und 2—3 Tage bei $+4^0$ C gehalten. Nach Zentrifugieren bei 10000 Umdrehungen je Minute 60 min wird der Überstand, der das Antigen darstellt, abpipettiert und mit „Merthiolate" in einer Endkonzentration 1:10000 versetzt. Die Haltbarkeit dieses flüssigen Antigens beträgt, wenn es bei $+4^0$ C aufbewahrt wird, etwa 6 Monate; das trockene Pulver hält sich, ebenfalls bei $+4^0$ C aufbewahrt, mehrere Jahre.

Herstellung des Fleckfieber- und Q-Fieberantigens aus dem Dottersack des bebrüteten Hühnereies nach BENGTSON.

Die Auswahl des zur Antigenherstellung verwendeten Stammes ist von großer Bedeutung. Für das Fleckfieberantigen kann der BREINL-Stamm, für das Q-Fieberantigen der Nine-Mile-Stamm gewählt werden. Als Ausgangsmaterial zur Herstellung des Fleckfieberantigens werden beimpfte Dottersäcke verwendet, die bei mikroskopischer Untersuchung reichlich Rickettsien zeigen. Die entsprechenden Dottersäcke werden in steriler entrahmter Milch (p_H 7,2—7,4) zu einer 10%igen Suspension zerrieben und können in zugeschmolzenen Glasampullen bei $—70^0$ C aufbewahrt werden. Mit diesem Ausgangsmaterial werden 7 Tage bei 38,5⁰ C vorbebrütete Eier in den Dottersack geimpft. Jedes Ei erhält 0,2 ml einer entsprechenden Verdünnung des Ausgangsstammes. Die Verdünnung soll so gewählt werden, daß die maximale Vermehrung der Rickettsien am 7.—8. Tag nach der Verimpfung eintritt. Die Eier werden vom 4. Tag nach der Verimpfung an täglich 2mal durchleuchtet, ein gutes Wachstum der Rickettsien ist meist erreicht, wenn 40—50% der Eier abgestorben sind. Vom 4. Tag nach Beimpfung an können täglich einige Eier geöffnet und Ausstriche vom Dottersack angefertigt werden. Auf diese Weise kann die Vermehrung der Rickettsien gut verfolgt werden. Werden die Bewegungen des Embryos träge, so werden die Eier geöffnet und die Dottersäcke entnommen. Sind 40—50% der Embryonen gestorben, so werden alle Dottersäcke geerntet.

Die infizierten Dottersäcke werden auf einem Drahtsieb von dem anhaftenden Dotter befreit. Es wird von jedem Dottersack ein Klatschpräparat angefertigt und nur solche Dottersäcke zur Antigenherstellung verwendet, die reichlich Rickettsien enthalten. Je Dottersack wird 10 ml Verdünnungsflüssigkeit zugegeben.

Verdünnungsflüssigkeit:

NaCl 0,85% in Aqua dest.	4 Teile
Natriumphosphatpuffer (Sörensen) p_H 7,0	1 Teil
Neutrales Formalin (40% Formaldehyd)	0,1 0,5%

Die Dottersäcke werden in der Suspensionsflüssigkeit aufgeschwemmt, im Starmix zerkleinert und die Suspension durch ein feinmaschiges Drahtsieb filtriert und kurz zentrifugiert, um gröbere Partikel niederzuschlagen. Die Suspension wird dann bei $+4^0$ C etwa 3 Tage aufbewahrt, bis sich gröbere Fettpartikel an der Oberfläche sammeln. Die Suspension unterhalb der Fettschicht wird abgesaugt und in einer Winkelzentrifuge bei $+4^0$ C 60—120 min bei 5000 Umdrehungen je Minute zentrifugiert, um die Rickettsien mit dem übrigen Zelldetritus niederzuschlagen. Der noch überstehende Dotter wird vorsichtig entfernt, und der Überstand verworfen. Das Sediment, das die Rickettsien enthält, wird dann wiederum in der oben angegebenen Verdünnungsflüssigkeit aufgenommen, es werden je Dottersack 10 ml Verdünnungsflüssigkeit zugegeben. Nach gründlichem Durchmischen wird die Suspension 1 Woche oder länger bei $+4^0$ C gehalten, während dieser Zeit bildet sich ein Niederschlag der gröberen Teilchen. Der Überstand, welcher die Rickettsien in Suspension enthält, wird abpipettiert und stellt das Antigen dar. Es ist bei $+4^0$ C mehrere Monate stabil.

Eine Reinigung dieser Suspension kann durch Äther erzielt werden (Craigie). In einen Scheidetrichter entsprechender Größe wird die Rickettsiensuspension gegeben und die Hälfte des Volumens an Äther zugefügt. Nach gründlichem Schütteln wird die Mischung etwa 12 bis 18 Std bei $+4^0$ C gehalten. Sie scheidet sich in 3 Schichten, eine obere Ätherschicht, eine mittlere Emulsionsschicht und eine untere wäßrige Schicht. Diese wäßrige Schicht enthält die Rickettsien zusammen mit einer geringen Menge von Zelltrümmern. Die Ätherreinigung muß wiederholt werden bis sich keine mittlere Emulsionsschicht mehr bildet. Die wäßrige Schicht stellt das Antigen dar, sie enthält die Rickettsien und das lösliche Antigen. Dieses Antigen ist nicht antikomplementär und kann bei $+4^0$ C mehrere Monate aufbewahrt werden.

Durch 4—6maliges Waschen in phosphatgepufferter Kochsalzlösung (p_H 7,2) kann das lösliche Antigen entfernt und eine reine Aufschwemmung der Rickettsien erhalten werden (PLOTZ).

Das Q-Fieberantigen wird in entsprechender Weise hergestellt. Das Ausgangsmaterial ist so zu verdünnen, daß 50% der infizierten Embryonen nach etwa 8—9 Tagen sterben. Die Eier werden vom 4. Infektionstag an täglich 2mal durchleuchtet, die Dottersäcke moribunder Embryonen weisen einen hohen Gehalt an Rickettsien auf. Bei dem Q-Fiebererreger ist kein „lösliches" Antigen nachgewiesen worden.

Herstellung des Antigens aus dem Virus der lymphocytären Choriomeningitis.

Als Antigen wird die Lunge infizierter Meerschweinchen verwendet. Mit einer entsprechend verdünnten frischen Hirnsuspension virusinfizierter Mäuse (Titer etwa 10^{-5}) wird eine Gruppe von 10 oder mehr Meerschweinchen infiziert. Die Verdünnung der Mäusehirnsuspension soll so gewählt werden, daß 6—7 Tage nach der Infektion Krankheitserscheinungen bei den Meerschweinchen auftreten. Jedem Meerschweinchen wird 1,0 ml der Suspension intraperitoneal oder subcutan injiziert. Bei Auftreten von Krankheitserscheinungen wie Fieber, Speichelfluß, Konjunctivitis, Somnolenz, werden die Tiere getötet und die Lungen entnommen.

Es wird eine 25%ige Lungensuspension in Aqua dest. im „Starmix" hergestellt. Diese Suspension wird gefriergetrocknet und 3mal mit Benzol extrahiert. Das getrocknete Antigen, welches infektiös ist, kann ohne Einbuße seiner antigenen Eigenschaften jahrelang bei $+4^0$ C aufbewahrt werden. Das Pulver wird dann in physiologischer Kochsalzlösung, die 0,5% Formalin enthält, entsprechend dem Originalvolumen resuspendiert. Um gröbere Partikel niederzuschlagen, wird nach kurzem Zentrifugieren bei niedriger Tourenzahl der Überstand abpipettiert. Dieser stellt das Antigen dar und kann, bei $+40^0$ C aufbewahrt, etwa 6 Monate verwendet werden. Das Antigen ist in schwächeren Verdünnungen gelegentlich antikomplementär, gibt aber keine unspezifischen Reaktionen.

Herstellung von Influenzavirusantigen.

10 Tage alte Hühnerembryonen werden mit einem adaptierten Stamm in die Allantoishöhle geimpft (0,1 ml einer Verdünnung 10^{-3} bis 10^{-4}). Nach 48 Std Nachbebrütung bei 35^0 C werden die Eier über Nacht bei $+4^0$ C gehalten und die Allantoisflüssigkeit der einzelnen Eier entnommen. Jede Allantoisflüssigkeit wird einzeln etwa in einer Verdünnung 1:512 auf hämagglutinierende Eigenschaften geprüft. Positiv reagierende Allantoisflüssigkeiten werden zusammengegeben und 10 min bei 2000 Umdrehungen je Minute zentrifugiert, um Zelltrümmer und gröbere Partikel zu entfernen. Um vorhande Urate zu entfernen, kann die Allantoisflüssigkeit 18 Std gegen 20 Teile 0,01 m phosphatgepufferte Kochsalzlösung (p_H 7,0) dialysiert werden. Dieses komplexe Antigen enthält sowohl Elementarkörperchen als auch lösliches Antigen.

Um das V-Antigen rein zu gewinnen, wird die Allantoisflüssigkeit 30—60 min bei 20000 Umdrehungen je Minute in einer Winkelzentrifuge zentrifugiert. Das Sediment wird in gepufferter Kochsalzlösung resuspendiert.

S-Antigen wird aus infizierter Chorioallantoismembran gewonnen. Eine 20% ige Suspension infizierter Chorioallantoismembranen wird zunächst bei 2000 Umdrehungen je Minute 10 min zentrifugiert, um gröbere Partikel niederzuschlagen. Der Überstand wird bei 20000 Umdrehungen je Minute 60 min in einer Winkelzentrifuge zentrifugiert. Der Überstand, der das lösliche Antigen enthält, darf keine Hämagglutinine mehr enthalten.

Herstellung von Mumpsvirusantigen.

7—8 Tage alte Hühnerembryonen werden mit einem adaptierten Stamm in die Allantoishöhle geimpft (0,5 ml einer Verdünnung 10^{-2} bis 10^{-4}). Nach 5—6 Tagen Nachbebrütung bei 35^0 C werden die Eier über Nacht bei $+4^0$ C gehalten und die Allantoisflüssigkeiten der einzelnen Eier entnommen. Jede Allantoisflüssigkeit wird einzeln etwa in einer Verdünnung 1:64 auf hämagglutinierende Eigenschaften geprüft. Positiv reagierende Allantoisflüssigkeiten werden zusammengegeben und kurz zentrifugiert, um gröbere Partikel zu entfernen. Um die Urate zu entfernen, kann die Allantoisflüssigkeit 18 Std gegen 20 Teile 0,01 m phosphatgepufferte Kochsalzlösung (p_H 7,0) dialysiert werden. Dieses komplexe Antigen enthält sowohl Elementarkörperchen als auch lösliches Antigen.

S-Antigen wird aus der infizierten Chorioallantoismembran gewonnen. Eine 40% ige Suspension infizierter Chorioallantoismembranen wird zunächst bei 2000 Umdrehungen je Minute 10 min zentrifugiert, um gröbere Partikel niederzuschlagen. Der Überstand wird bei 20000 Umdrehungen je Minute 60 min in einer Winkelzentrifuge zentrifugiert. Der Überstand, der das lösliche Antigen enthält, darf keine Hämagglutinine mehr enthalten.

Herstellung von Herpesvirusantigen.

Das Antigen wird aus infizierten Chorioallantoismembranen gewonnen. Es werden 12 Tage vorbebrütete Hühnereier mit einer Virussuspension, die so verdünnt ist, daß konfluierende Läsionen entstehen, auf die Chorioallantoismembran geimpft. Die Membranen werden 48 Std nach der Infektion entnommen und nur solche zur Antigenbereitung verwendet, die konfluierende Läsionen aufweisen. Sie werden zusammengegeben und zu einer 20%igen Suspension homogenisiert. Die Suspension wird mehrmals gefroren (Kohlensäuretrockeneis-Alkohol) und aufgetaut und dann bei 2500 Umdrehungen je Minute 60 min in einer Winkelzentrifuge zentrifugiert. Der Überstand stellt das Antigen dar; es ist bei —20⁰ C monatelang ohne Titerverlust haltbar.

Herstellung von Psittakosevirusantigen nach DAVIS.

Acht Tage bei 39⁰ C vorbebrütete Hühnereier werden mit 0,2 ml einer 5%igen infizierten Dottersacksuspension in die Allantoishöhle geimpft. Die Eier werden bei 37⁰ C nachbebrütet und täglich 2mal durchleuchtet. Sind etwa 10% der Embryonen gestorben, so werden die Eier über Nacht bei +4⁰ C gehalten und am nächsten Morgen die Allantoisflüssigkeiten entnommen. Die Allantoisflüssigkeit 4—5 Tage nachbebrüteter Eier enthält die stärksten Viruskonzentrationen. Von jeder Allantoisflüssigkeit werden Präparate angefertigt und nach CASTANEDA gefärbt. Es werden nur solche Allantoisflüssigkeiten zur Antigenherstellung verwendet, die reichlich Elementarkörperchen enthalten. Der infektiöse Titer der zusammengegebenen Allantoisflüssigkeiten soll bei intracerebraler Verimpfung auf Mäuse zwischen 10⁻⁵ und 10⁻⁸ liegen. Der frisch gewonnenen Allantoisflüssigkeit wird 1% Phenol zugesetzt und die Mischung 15—30 Tage bei +4⁰ C gehalten. Sie wird dann bei 5000 Umdrehungen in einer Winkelzentrifuge 1 Std zentrifugiert und der Überstand verworfen. Das Sediment wird in ¹/₅ des ursprünglichen Volumens in 0,85%iger Kochsalzlösung resuspendiert. Als Kontrollantigen wird mit 1% Phenol versetzte Allantoisflüssigkeit 12 Tage bebrüteter Hühnereier verwendet.

Herstellung von Antigen aus dem Lymphogranuloma inguinale-Virus
nach NIGG, HILLEMAN *und* BOWSER.

6—7 Tage alte Hühnerembryonen werden mit einer Virussuspension in den Dottersack geimpft. Die Verdünnung soll so gewählt werden, daß der Embryo zwischen dem 5.—8. Tag nach der Impfung stirbt.

Die Eier werden 2mal täglich durchleuchtet und der Dottersack gestorbener Embryonen möglichst kurz nach, dem Tod entnommen. Von jedem Dottersack werden Ausstrichpräparate angefertigt und auf Elementarkörperchen untersucht. Die Dottersäcke werden bei —70⁰ C aufbewahrt, dann im Starmix eine 20% ige Aufschwemmung in physiologischer Kochsalzlösung hergestellt. Es wird nun physiologische Kochsalzlösung und 5% Phenol zugesetzt, so daß eine 10% ige Suspension, die 0,5% Phenol enthält, hergestellt wird. Das rohe Antigen wird etwa 3 Wochen bei +37⁰C gehalten, dann in einem Wasserbad 10 min gekocht. Nach Zentrifugierung bei 1000 Umdrehungen je Minute 5 min wird der Überstand abpipettiert. Dieser stellt das Antigen dar. Das Antigen wird so verdünnt, daß es nicht antikomplementär ist und schwach positive Sera erfaßt, dagegen mit Normalsera keine Reaktion gibt. Das Kontrollantigen wird auf gleiche Weise hergestellt. Das Antigen wird bei +4⁰ C aufbewahrt, es bleibt mehrere Monate verwendungsfähig.

Titration der Antigene.

Alle Antigene müssen auf folgende Eigenschaften geprüft werden:
A. Antigene Eigenschaften.
B. Antikomplementäre Eigenschaften.
C. Hämolytische Eigenschaften.
Es wird zunächst der Amboceptor ausgewertet.

Es wird dann die antikomplementäre Wirkung der verschiedenen Antigenverdünnungen geprüft. Da die optimale Antigenverdünnung nicht bekannt ist, muß für jede Antigenverdünnung die Komplementmenge bestimmt werden, die noch eine vollständige Hämolyse bewirkt. Meist wird das Antigen in den Verdünnungen 1:2 bis 1:32 geprüft werden. Es werden gleichzeitig die etwaigen hämolytischen Eigenschaften des Antigens mit erfaßt.

Antigene Eigenschaften: Es werden verschiedene Verdünnungen des Antigens gegen verschiedene Verdünnungen mehrerer bekannter Immunsera unterschiedlichen Titers geprüft. Als Kontrolle wird Normalgewebe verwendet, das in gleicher Weise wie das Virusantigen vorbehandelt ist. Ebenso wird als Kontrolle das Virusantigen mit einem sicher negativem Serum angesetzt.

  a) Positives Serum (Immunserum)
     verdünnt 1:4 1:8 1:16 1:32 1:64 1:128
                je 0,25 ml.

  b) Antigen
     verdünnt 1:2 1:4 1:8 1:16 1:32
                je 0,25 ml.

Serum und Antigenverdünnungen je 0,25 ml werden nach folgendem Schema gemischt:

Verdünnung des Serums	Verdünnung des Antigens				
	1:2	1:4	1:8	1:16	1:32
1: 4					→
1: 8					→
1: 16					→
1: 32					→
1: 64					→
1:128	↓	↓	↓	↓	↓ →

Jedes Röhrchen erhält 0,5 ml der der jeweiligen Antigenverdünnung entsprechenden Komplementverdünnung (2 E).

Inhalt der einzelnen Röhrchen durch Umschwenken mischen.

Bindung bei: 60 min im Wasserbad bei 37° C oder
15—18 Std bei +6 bis +8° C, 5—10 min Wasserbad, 37° C.

Zusatz des hämolytischen Systems, 0,5 ml je Röhrchen.

Inhalt der einzelnen Röhrchen durch Umschwenken mischen. Wasserbad +37° C, 15—30 min.

Ablesen der Reaktion: Es wird nur eine 75% oder 100% Hämolyse gewertet.

Bestimmung des Eigenkomplementverbrauches verschiedener Antigenverdünnungen (Antikomplementäre Wirkung des Antigens).

	Röhrchen Nr.											
	1	2	3	4	5	6	7	8	9	10	11	12
Komplement, 1:30 ml	0,08	0,10	0,12	0,14	0,16	0,18	0,20	0,22	0,24	0,26	0,28	0,30
NaCl 0,85% ml . . .	0,67	0,65	0,63	0,61	0,59	0,57	0,55	0,53	0,51	0,49	0,47	0,45
Jeweilige Antigenverdünnung ml	0,25	0,25	0,25	0,25	0,25	0,25	0,25	0,25	0,25	0,25	0,25	0,25

Inhalt der einzelnen Röhrchen mischen. Wasserbad 37° C, 60 min.

Hämolytisches System ml	0,50	0,50	0,50	0,50	0,50	0,50	0,50	0,50	0,50	0,50	0,50	0,50

Inhalt der einzelnen Röhrchen mischen. Wasserbad 37° C, 60 min.

Ablesung. Es wird zu jeder Antigenverdünnung die geringste Komplementmenge bestimmt, die eine vollständige Hämolyse bewirkt. Kontrollreihe enthält statt Antigenverdünnung 0,25 ml NaCl 0,85%.

Prüfung der Wirksamkeit und Spezifität eines Antigens.

	Röhrchen Nr.							
	1	2	3	4	5	6	7	8
Immunserumver- dünnung.	1:4	1:8	1:16	1:32	1:64	1:128	1:256	1:512
Milliliter.	0,25	0,25	0,25	0,25	0,25	0,25	0,25	0,25
Jeweilige Antigenver- dünnung ml . . .	0,25	0,25	0,25	0,25	0,25	0,25	0,25	0,25
Die der jeweiligen An- tigenverdünnung ent- sprechende Komple- mentgebrauchsdosis ml	0,50	0,50	0,50	0,50	0,50	0,50	0,50	0,50

Inhalt der einzelnen Röhrchen mischen.
Wasserbad 37⁰ C, 60 min oder 6—8⁰ C, 15—18 Std, 5—10 min Wasserbad, 37⁰ C.

| Hämolytisches System ml . . . . | 0,50 | 0,50 | 0,50 | 0,50 | 0,50 | 0,50 | 0,50 | 0,50 |

Inhalt der einzelnen Röhrchen mischen. Wasserbad 37⁰ C, 15—30 min.

Ablesung. Die Titergrenze zu den völlig negativen Werten soll einen möglichst scharfen Abfall zeigen. Spezifität des Antigens gegenüber negativem Serum prüfen.

Ein Antigen ist brauchbar, wenn es einen hohen Titer hat und im Verhältnis dazu geringe antikomplementäre oder hämolytische Eigenschaften.

Literatur.

BEDSON, S. P., C. F. BARWELL, E. J. KING and L. W. J. BISHOP: The labo-ratory diagnosis of lymphogranuloma venerum. J. Clin. Path. **2**, 241 (1949). — BENGTSON, J. A.: Complement fixation in the Rickettsial diseases. Publ. Health Rep. **59**, 402 (1944). — BOER, C. J. DE, and H. R. COX: Specific complement-fixing diagnostic antigens for neurotropic viral diseases. J. of Immun. **55**, 193 (1947).

CASALS, J.: Acetone-ether extracted antigens for complement fixation with certain neurotropic viruses. Proc. Soc. Exper. Biol. a. Med. **70**, 339 (1949). — CASALS, J., R. O. ANSLOW and G. SELZER: Method for increasing the yield of complement-fixing antigens of certain neurotropic viruses, and the use of new-born mice for their production. J. Labor. a. Clin. Med. **37**, 663 (1951). — CRAIGIE, J.: Application and control of ethyl-ether-water interface effects to the separation of rickettsiae from yolk sac suspensions. Canad. J. Res., Sect. E **23**, 104 (1945).

DAVIS, D. J.: The use of phenolized allantoic fluid antigen in the complement fixation test for Psittacosis. J. of Immun. **62**, 193 (1949).

ESPANA, C., and W. McD. HAMMON: An improved extracted complement-fixing antigen for certain neurotropic viruses. Proc. Soc. Exper. Biol. a. Med. **66**, 101 (1947).

HENLE, G., S. HARRIS and W. HENLE: The reactivity of various human sera with Mumps complement fixation antigen. J. of Exper. Med. **88**, 133 (1948). — HOYLE, L.: Technique of the complement-fixation test in Influenza. Monthly Bull. Ministry Health a. Publ. Health Lab. Serv. 1948, 114.

LABZOFFSKY, N. A.: Rapid agglutination test as a possible aid in the laboratory diagnosis of ornithosis. J. Inf. Dis. **79**, 96 (1946).

NIGG, C., M. R. HILLEMAN and B. M. BOWSER: Studies on lymphogranuloma venerum complement fixing antigens. I. Enhancement by phenol or boiling. J. of Immun. 53, 259 (1946).

PLOTZ, H., B. L. BENNETT, K. WERTMAN, M. J. SNYDER and R. L. GAULD: The serological pattern in typhus fever. Amer. J. Hyg. 47, 150 (1948).

SIEGERT, R., H. PETER, W. SIMROCK u. H. SCHWEINSBERG: Q-Fieber Studien. I. Arbeitsanweisung zur Herstellung von Q-Fieber Antigen. Zbl. Bakter. I Orig. 157, 311 (1951). — SMADEL, J. E., R. D. BAIRD and M. J. WALL: A soluble antigen of lymphocytic Choriomeningitis. I. Separation of soluble antigen from virus. J. of Exper. Med. 70, 53 (1939).

TOPPING, N. H., and CH. C. SHEPARD: The preparation of antigens from yolk sacs infected with rickettsiae. Publ. Health. Rep. 61, 701 (1946).

WIENER, M., W. HENLE and G. HENLE: Studies on the complement fixation antigens of Influenza Viruses types A and B. J. of Exper. Med. 83, 259 (1946). — WIENER-KIRBER, M., and W. HENLE: A comparison of influenza complement fixation antigens derived from allantoic fluids and membranes. J. of Immun. 65, 229 (1950).

Gewinnung von Immunsera.

Als positive Kontrollsera für die Komplementbindungsreaktion wie auch zur Standardisierung von Antigenen werden Immunsera benötigt. Diese können entweder durch Immunisierung von Tieren gewonnen werden oder es können menschliche Rekonvaleszentensera verwendet werden.

Das zu immunisierende Tier kann für die betreffende Virusart empfänglich oder resistent sein. Wird eine für das Virus empfängliche Tierart verwendet, so wird entweder ein Infektionsweg gewählt, der nur eine schwache Reaktion bei dem Versuchstier auslöst, oder es wird zunächst inaktives Virus verimpft. Eine Inaktivierung wird durch Zusatz von 0,1—0,5% Formalin zu der Virussuspension erreicht; die mit Formalin versetzte Suspension wird vor der Verimpfung mehrere Tage bei +4° C gehalten. Das Tier erhält zunächst 2 oder 3 Injektionen der inaktivierten Virussuspension, bevor das aktive Virus gegeben wird. Für die Immunserumgewinnung können auch Tiere benutzt werden, welche in anderen Versuchen mit der betreffenden Virusart gestanden haben, erkrankt sind, aber überlebt haben.

Da es bei vielen Virusarten unmöglich ist, das Virus in einer völlig reinen, von Begleitstoffen des Wirtsgewebes freien Form zu erhalten, muß die Möglichkeit in Betracht gezogen werden, daß durch die parenterale Verimpfung von Gewebeextrakten, die das Virus enthalten, eine Bildung von Antikörpern gegen das Gewebe hervorgerufen wird. So führt die Verimpfung von Geweben in eine andere Tierart als die, von der das virusinfizierte Gewebe stammt, zu einer Bildung von artspezifischen oder auch organspezifischen Antikörpern.

Zur Immunisierung soll daher, wenn möglich, virusinfiziertes Gewebe der gleichen Tierart verwendet werden. Zur Kontrolle wird das gewonnene Immunserum mit Normalgewebe gleicher Herkunft und gleicher Aufarbeitung wie das virusinfizierte Gewebe geprüft. Die unspezifischen Reaktionen des Immunserums werden durch Hitzeinaktivierung bei $+56^{0}$ bis 65^{0} C entsprechend der Tierart ausgeschaltet, die spezifischen Virusantikörper werden hierdurch kaum beeinflußt.

Der Immunisierungsprozeß besteht aus Verimpfungen des virushaltigen Materials, die in bestimmten Intervallen (meist 3—6 Tage) durchgeführt werden. Nach Abschluß der Immunisierung, es sind je nach Virus- und Tierart oft mehrere Monate notwendig, wird durch eine Probeblutentnahme der Antikörpergehalt ermittelt. Ist dieser hoch genug, so wird das Tier ganz oder teilweise entblutet. Im letzteren Falle kann der Antikörpergehalt durch weitere Impfungen in regelmäßigen Abständen lange Zeit auf seiner Höhe gehalten werden.

Da die einzelnen Tiere individuell verschieden gute Antikörperbildner sind, wird stets eine Gruppe von Tieren gleichzeitig immunisiert. Die Sera von Tieren mit hohem Antikörpergehalt können gemischt verwendet werden.

Durch den Zusatz von Mineralöl und einem Emulgierungsmittel zu der wäßrigen Virussuspension können, nach den Angaben von FREUND und McDERMOTT, auch bei schwachen Antigenen ausreichende Immunsera gewonnen werden.

Die in Glasampullen abgefüllten Immunsera werden in der Trockeneistruhe bei -70^{0} C aufbewahrt. Bei dieser Temperatur tritt — auch bei längerer Aufbewahrung — kaum eine Titerabschwächung ein. Die Sera werden unmittelbar vor dem Gebrauch inaktiviert.

b) Die Neutralisationsreaktion.

Die Neutralisationsreaktion spielt bei der Diagnose virusbedingter Krankheiten eine große Rolle, während sie für die Diagnose durch Rickettsien verursachter Infektionen nur eine untergeordnete Bedeutung hat. Der Neutralisationstest wird sowohl zur Identifizierung unbekannter Virusstämme als auch zum Nachweis von Antikörpern angewendet.

Der Neutralisationstest beruht auf der Spezifität der Antigen-Antikörperreaktion und kann als Serumneutralisation oder als Virusneutralisation verwendet werden. Bei der Serumneutralisation wird ein Serum von bekanntem Antikörpergehalt (Immunserum) mit dem unbekannten Virusstamm angesetzt. Die Virus-Serum-Mischung wird eine bestimmte Zeit bei Zimmer-, Brutschrank- oder Eisschranktemperatur gehalten und dann einem empfänglichen Wirt verimpft. Als Kriterium werden z. B. die Krankheitserscheinungen der Tiere gewertet. Enthält das Serum Antikörper, die dem Virusantigen homolog sind, so wird die Virusaktivität neutralisiert und das Tier zeigt keine pathologischen Erscheinungen. Sind die Antikörper des Serums heterolog zu dem Virusantigen, so werden die Antikörper das Virus nicht neutralisieren, es erfolgt eine Infektion des Tieres.

Bei der Virusneutralisation wird ein Virusstamm mit bekannter antigener Struktur und bekanntem Titer mit einem Serum, dessen Antikörpergehalt nicht bekannt ist, geprüft. Ein Serum, das Antikörper enthält, die der antigenen Struktur des Virusstammes entsprechen, verhindert die Infektion des Versuchstieres.

Die Neutralisationsreaktionen werden bei den verschiedenen Virusarten unterschiedlich angesetzt. So kann einmal die Mortalitätsrate der Versuchstiere oder morphologische Veränderungen der Chorioallantoismembran oder morphologische Veränderungen der Gewebe in der Gewebekultur als Kriterium für eine stattgehabte bzw. nicht erfolgte Neutralisation gewertet werden. Die Neutralisationsreaktion ist eine quantitative Reaktion. Für die Signifikanz der Reaktion sind die Zahl der verwendeten Versuchstiere und die angesetzten Verdünnungsstufen sowohl des Serums als auch der Virussuspension ausschlaggebend.

Die Ergebnisse des Neutralisationstestes sind in der Regel eindeutig; es werden weniger unspezifische Reaktionen als bei anderen serologischen Methoden beobachtet.

Die neutralisierenden Antikörper im menschlichen Serum sind nach den heutigen Kenntnissen spezifisch, d. h. sie werden nur gebildet, wenn das betreffende Individuum mit dem Virus in Kontakt kommt, unabhängig davon, ob es zu einer klinischen Erkrankung kommt.

Technik des Neutralisationstestes nach PAUL.

Als Beispiel für die Ausführung eines Neutralisationstestes sei die von PAUL angegebene Technik der Neutralisation neurotroper Virusarten angeführt. Die hier beschriebene Methode läßt sich auch mit anderen Virusarten durchführen.

Die Schwierigkeiten des Neutralisationstestes liegen in der Variabilität des Titrationsendpunktes und in dem Vorkommen neutralisierender Antikörper in Sera von Personen, die klinisch latent mit dem in Frage stehenden Virus infiziert worden sind.

Eine einmalige Serumuntersuchung ist somit für die Diagnose einer Erkrankung nicht ausreichend, es ist vielmehr nachzuweisen, daß es im Ablauf der Erkrankung zu einem Anstieg der neutralisierenden Antikörper kommt. Es müssen mindestens zwei zu verschiedenen Zeitpunkten der Erkrankung entnommene Sera untersucht werden. Das erste Serum soll möglichst früh nach Krankheitsbeginn, das zweite Serum in der Rekonvaleszenz entnommen werden. Die beiden Sera werden zu gleicher Zeit mit der gleichen Virussuspension getestet. Das zuerst entnommene Serum muß in der Zwischenzeit in der Trockeneistruhe bei — 70⁰ C aufbewahrt werden, der Antikörpergehalt des Serums bleibt so lange unverändert. Da das erste Serum frühzeitig entnommen werden muß, also zu einem Zeitpunkt, in dem oft klinisch noch kein Verdacht auf eine Viruskrankheit besteht, sind der praktischen Diagnostik Grenzen gesetzt, da oft ein Serum aus der akuten Krankheitsphase nicht zur Verfügung steht.

Es sind grundsätzlich 2 Möglichkeiten gegeben, wie der Neutralisationstest angesetzt werden kann. Das unverdünnte Serum kann gegen fallende Verdünnungen einer Virussuspension angesetzt werden. Diese Methode ist sehr gebräuchlich und wird vor allem für die vergleichsweise Titration zweier Sera angewendet. Die Titration fallender Serumverdünnungen gegen eine konstante Virusmenge erlaubt dagegen eine exaktere Serumtitration.

Die technische Durchführung des Neutralisationstestes gestaltet sich so, daß zunächst eine ausreichende Menge (der Bedarf für mehrere Monate) der Virussuspension gewonnen wird. Die Suspension wird in kleinen Mengen in Ampullen abgefüllt, die dann in der Trockeneistruhe bei — 70⁰ C aufbewahrt werden. Diese Virussuspension wird titriert und der Titer nach der Methode von REED und MUENCH bestimmt. Dieser Titer ist für die später anzusetzenden Versuche maßgebend.

Der Neutralisationstest wird so angesetzt, daß von dieser Virussuspension mit einer geeigneten Verdünnungsflüssigkeit eine Verdünnungsreihe hergestellt wird. Es werden dann gleiche Mengen der einzelnen Verdünnungen der Virussuspension mit gleichen Mengen des unverdünnten Serums zusammengegeben und nach einer bestimmten Inkubationszeit jede Verdünnungsstufe der Mischung aus Virussuspension und Serum je einer Gruppe Tiere verimpft. Die Empfänglichkeit der einzelnen Tiere muß gleich sein (gleicher Tierstamm, entsprechendes Alter). Als Kontrolle für die Virussuspension werden Verdünnungen derselben mit sicher negativem Serum angesetzt. Die Stärke der angesetzten Verdünnungen richtet sich nach dem Ergebnis der vorher durchgeführten Austitrierung der Virussuspension. Durch tägliche Registrierung der kranken bzw. toten Tiere werden die Werte gewonnen, die für die Berechnung des Neutralisationsindex des Serums erforderlich sind. Alle Berechnungen der Infektionstiter erfolgen nach der Methode von REED und MUENCH.

Es ist auch möglich, statt unverdünnten Serums eine Verdünnung 1:2 oder 1:5 der beiden Vergleichssera zu verwenden. Es wird dies erforderlich sein, wenn nur wenig Serum zur Verfügung steht.

Virustitration für den Neutralisationstest.

Virussuspension. 20%ige Suspension infizierten Gewebes,
Serum: sicher negatives Serum, unverdünnt, inaktiviert.

Verdünnungen der Virussuspension . .	1:5	1:50	1:500	1:5000	1:50000	1:500000	1:5000000
ml	0,25	0,25	0,25	0,25	0,25	0,25	0,25
Unverdünntes negatives Kontrollserum ml .	0,25	0,25	0,25	0,25	0,25	0,25	0,25
Endverdünnung der Virussuspension . .	10^{-1}	10^{-2}	10^{-3}	10^{-4}	10^{-5}	10^{-6}	10^{-7}

Die Serum-Virus-Suspension wird — wie im Versuch — bei Zimmertemperatur, $+37^{\circ}$ C oder $+4^{\circ}$ C eine entsprechende Zeit gehalten.

Die einzelnen Verdünnungen werden dann in jeweils gleicher Menge je 6 Versuchstieren intracerebral, intraperitoneal, oder intramuskulär injiziert. Die höchsten Verdünnungen werden zuerst injiziert.

Die Tiere werden 14—21 Tage beobachtet, die toten Tiere jeden Tag registriert. Bei intracerebraler Injektion werden Tiere, welche innerhalb der ersten 24—36 Std sterben, nicht gewertet (Trauma). Der Titer der Virussuspension wird nach der Methode von REED und MUENCH berechnet.

Die austitrierte Virussuspension wird in Ampullen abgefüllt und bei -70° C in der Trockeneistruhe aufbewahrt. Da bei der Aufbewahrung Titerschwankungen auftreten können, wird bei jedem Versuch der Titer der Virussuspension in beschränktem Bereich nochmals kontrolliert.

Ansatz für die Neutralisationsreaktion.

Titer der Virussuspension . .							10^{-8}	
Kontrollverdünnungen der Virussuspension					10^{-6}	10^{-7}	10^{-8}	10^{-9}
Verdünnungen der Serum-Virus-Suspension			10^{-4}	10^{-5}	10^{-6}	10^{-7}		
Titer der Virussuspension . .						10^{-7}		
Kontrollverdünnungen der Virussuspension				10^{-5}	10^{-6}	10^{-7}	10^{-8}	
Verdünnungen der Serum-Virus-Suspension		10^{-3}	10^{-4}	10^{-5}	10^{-6}			
Titer der Virussuspension . .					10^{-6}			
Kontrollverdünnungen der Virus-Suspension			10^{-4}	10^{-5}	10^{-6}	10^{-7}		
Verdünnungen der Serum-Virussuspension	10^{-2}	10^{-3}	10^{-4}	10^{-5}				

Die Verdünnungen sind so gewählt, daß der ganze Bereich der 0—100% Mortalität erfaßt wird. Eine etwaige Titerabschwächung durch die Aufbewahrung der Virussuspension ist berücksichtigt.

Der Ansatz für die Prüfung eines Serums erfolgt nach dem gleichen Schema, wie es für die Virustitration angegeben wurde. Die Kontrollverdünnungen der Virussuspension werden mit einem sicher negativen Serum angesetzt.

Der Neutralisationsindex des Serums wird durch folgende Berechnung erhalten:

log LD50 der Kontrollvirussuspension — log LD50 der Serum-
$$\text{Virussuspension} = x$$

Numerus von x = Neutralisationsindex

Neutralisationsindex   1— 9   = negativ
Neutralisationsindex 10—49   = zweifelhaft
Neutralisationsindex 50 und mehr = positiv.

Berechnungsbeispiel.

log LD50 der Kontrollvirussuspension   = 8,5
log LD50 der Serum-Virus-Suspension 1
     (Serum der akuten Krankheitsphase)   = 8,0
log LD50 der Serum-Virus-Suspension 2
     (Serum der Rekonvalescenz)   = 6,5
Serum 1 log 8,5 — log 8,0 = log 0,5 Numerus =   3,2
Serum 2 log 8,5 — log 6,5 = log 2,0 Numerus = 100,0

Literatur.

HAMMON, W. MCD.: Encephalitis. In „Diagnostic procedures for virus and Rickettsial diseases". New York 1948.

OLITSKY, P. K., and J. CASALS: Neutralization tests for diagnosis of human virus encephalitides. J. Amer. Med. Assoc. 134, 1224 (1947).

PAUL, J. R.: The filtrable viruses. In „Laboratory methods of the United States Army" (herausgeg. von J. S. SIMMONS u. C. J. GENTZKOW). Philadelphia: Lea a. Febiger 1944.

c) Hämagglutination und Hämagglutinationshemmung.

HIRST fand 1941, daß die extraembryonalen Flüssigkeiten mit Influenzavirus infizierter Hühnereier die Eigenschaft besitzen, Hühnererythrocyten zu agglutinieren. Die Agglutination wird durch Immunsera spezifisch gehemmt. Es ergibt sich hieraus die Möglichkeit, sowohl den Virusgehalt infizierter Eiflüssigkeiten zu ermitteln, als auch den Antikörpergehalt eines Serums zu prüfen.

LEVENS und ENDERS fanden 1945, daß auch dem Mumpsvirus die Fähigkeit der Hämagglutination zukommt und Mumpsantisera diese Hämagglutination hemmen.

Zum Nachweis der Antikörper werden Sera aus dem akuten Stadium der Erkrankung und der Rekonvaleszenz miteinander verglichen und es wird geprüft, wieweit sich ein Unterschied in der Hämagglutinations-hemmung findet. Um vergleichbare Titer zu erhalten, müssen die Sera am gleichen Tage mit der gleichen Virussuspension und der gleichen Erythrocytensuspension angesetzt werden.

Hühnererythrocyten. Aus einer Flügelvene werden 10 ml Blut entnommen und zu 2 ml einer 5%igen Natriumcitratlösung (in physiologischer Kochsalzlösung) gegeben. Das Blut wird zentrifugiert und 3mal mit physiologischer Kochsalzlösung gewaschen. Nach dem letzten Waschen werden die Zellen bei 2000 Umdrehungen je Minute 10 min zentrifugiert. Die sedimentierten Erythrocyten sind bei $+ 4^0$ C aufbewahrt, etwa 8 Tage haltbar. Das Erythrocytensediment wird als 100%ige Zellsuspension angesehen und hiervon eine 0,25%ige Suspension in 0,85%iger Kochsalzlösung hergestellt.

Die zu verwendenden WASSERMANN-Röhrchen müssen eine gleichmäßige Bodenwölbung haben, um eine einheitliche Sedimentation zu ermöglichen. Damit die Sedimentation beobachtet werden kann, haben die Gestelle für die Röhrchen einen durchlochten Boden.

Hühnerblut, das in ALSEVER-Flüssigkeit aufgefangen und bei $+ 4^0$ C aufbewahrt sind, bleibt mehrere Monate verwendungsfähig. Eine modifizierte ALSEVER-Flüssigkeit (BUKANTZ, REIN, KENT) hat folgende Zusammensetzung:

In 100,0 ml Aqua dest. werden einzeln gelöst:

2,05 g   Traubenzucker
0,8 g   Natriumcitrat
0,42 g   Natriumchlorid
0,055 g   Citronensäure.

Die Alseverflüssigkeit wird in Mengen von 20 ml in 50 ml-Flaschen eingefüllt, die mit Gummikappen verschlossen sind. Die in den Flaschen vorhandene Luft wird mit Kanüle und großer Spritze herausgesaugt und die evakuierten Flaschen im Autoklaven bei 1,2 atü 20 min sterilisiert. Der End-p_H der sterilisierten Lösung beträgt 6,1. Das frisch entnommene Blut wird direkt mit einer Kanüle durch die Gummikappe in die evakuierte Flasche in gleicher Menge der Alseverflüssigkeit zugegeben.

Zum Versuch wird die benötigte Menge entnommen, die Erythrocyten gewaschen und in 0,85%iger Kochsalzlösung resuspendiert.

Statt Kochsalzlösung wird als Verdünnungsflüssigkeit besser ein Veronalpuffer (p_H 7,2) verwendet.

Antigen. Als Antigen wird bei Influenza und Mumps infizierte Allantoisflüssigkeit verwendet. Ein Zusatz von 50% Glycerin hält den Titer mindestens 4 Monate konstant (CABASSO und Mitarbeiter).

Serum. Die im Hemmungsversuch zu prüfenden Sera werden 30 min bei $+ 56^0$ C inaktiviert. Aufbewahrung bei $- 70^0$ C.

Technik der Hämagglutination und Hämagglutinationshemmung.

Hämagglutination.

	Röhrchen Nr.									Kontrollen	
	1	2	3	4	5	6	7	8	9	10	11
Virusverdünnung . ml	1:8 0,25	1:16 0,25	1:32 0,25	1:64 0,25	1:128 0,25	1:256 0,25	1:512 0,25	1:1024 0,25	1:2048 0,25	0	Normale Allantois-Flüssigkeit, 1:8 0,25
Kochsalzlösung 0,85% ml	0,25	0,25	0,25	0,25	0,25	0,25	0,25	0,25	0,25	0,50	0,25
Hühnererythrocyten 0,25% . .	0,50	0,50	0,50	0,50	0,50	0,50	0,50	0,50	0,50	0,50	0,50

Der Inhalt eines jeden Röhrchens wird gut gemischt und das System bei Zimmertemperatur gehalten. Nach 45, 90 und 120 min wird das sich bildende Erythrocytensediment abgelesen. Die endgültige Ablesung erfolgt nach 2 Std bzw. dann, wenn in den Kontrollen eine vollständige Sedimentation erfolgt ist. Der sich bildende Bodensatz wird von unten durch Heben des Gestelles über Augenhöhe beobachtet.

Negativ: Scharf begrenztes, knopfartiges Erythrocytensediment, welches beim Schräghalten des Röhrchens abläuft.

Positiv: Ausgebreitetes Häutchen mit unscharfem Rand. Bei Schräghalten des Röhrchens kein Ablaufen.

Alle Titer werden auf die höchste Verdünnung der Virussuspension vor Zugabe der Kochsalzlösung und der Erythrocytensuspension bezogen. Die höchste Verdünnung der Virussuspension, welche eine vollständige Agglutination bewirkt, entspricht einer Einheit.

Hämagglutinationshemmung.

Die Hämagglutinationshemmung wird nach Bestimmung des Hämagglutinationstiters der Virussuspension mit der gleichen Erythrocytensuspension angesetzt.

	Röhrchen Nr.							Kontrolle
	1	2	3	4	5	6	7	8
Virusverdünnung 4 E ml.	0,25	0,25	0,25	0,25	0,25	0,25	0,25	0
Serumverdünnung ml.	1:8 0,25	1:16 0,25	1:32 0,25	1:64 0,25	1:128 0,25	1:256 0,25	1:512 0,25	1:8 0,50
Hühnererythrocyten 0,25% ml.	0,50	0,50	0,50	0,50	0,50	0,50	0,50	0,50

Zur Hämagglutinationshemmung, die wie die Hämagglutination angesetzt wird, wird eine konstante Menge der Virussuspension entsprechend 4 E verwendet (z. B. Hämagglutinationstiter 1:512, 4 E = 1:128). An Stelle der Kochsalzlösung wird jeweils 0,25 ml des zu prüfenden Serums in Verdünnungen von 1:8—1:512 zugesetzt.

Ablesung nach 45, 90 und 120 min bei Haltung des Systems bei Zimmertemperatur, entsprechend den oben beschriebenen Sedimentformen.

Die höchste Serumverdünnung, die noch eine vollständige Hemmung der Hämagglutination bewirkt, wird als Endtiter gewertet. Ein Anstieg des Titers im Ablauf der Erkrankung um mehr als das 4fache liegt außerhalb der Fehlergrenze der Methode und wird allgemein als positiv gewertet.

Es sind mehrere Stoffe bekannt, die in keiner Beziehung zu spezifischen Antikörpern stehen, aber die hämagglutinierenden Eigenschaften eines Virus hemmen.

Im normalen Menschen- bzw. Tierserum sind 2 Typen von Hemmstoffen beschrieben. Eine thermolabile Komponente, die bei Hitzeinaktivierung bei $+ 65^0$ C in weniger als 30 min zerstört wird. Diese Komponente ist wahrscheinlich ein Globulin. Der andere Hemmstoff ist thermostabil und wahrscheinlich ein Mucoprotein. Dieser Hemmstoff wird durch ein Ferment, das aus Filtraten von Choleravibrionen gewonnen wird, sowie durch Perjodat schnell zerstört.

Beide Hemmstoffe verbinden sich mit dem extracellulären Virus und blockieren die Anlagerung des Virus an die rote Blutzelle. Durch Hitzeinaktivierung und Verdünnung des zu prüfenden Serums, sowie durch den Vergleich zweier Sera aus verschiedenen Krankheitsphasen können unspezifische Hemmungen meist ausgeschlossen werden. Ein Ansteigen des Hemmungstiters um einen signifikanten Wert ist auf die Bildung spezifischer Antikörper zurückzuführen. Kommt es nicht zu einem Anstieg der Antikörper, so kann das Serum mit einem Rohfiltrat eines Vibrio-cholerae-Stammes versetzt werden. Durch die Ausschaltung der unspezifischen Hemmstoffe können dann oft signifikante Titeranstiege nachgewiesen werden.

Literatur.

Anderson, S. G.: Inhibition of some hemagglutinating viruses. Federat. Proc. 8, 631 (1949). — Appleby, J. C., and C. H. Stuart-Harris: The use of filtrates of vibrio cholerae in the classification of influenza virus strains. Brit. J. Exper. Path. 31, 797 (1950).

Bukantz, S. C., C. R. Rein and J. F. Kent: Studies in complement fixation J. Labor. a. Clin. Med. 31, 394 (1946).

Cabasso, V. J., F. S. Markham and H. R. Cox: Stabilizing action of glycerine on hemagglutination of egg-adapted mumps, Newcastle disease and influenza viruses. Proc. Soc. Exper. Biol. a. Med. 78, 791 (1951).

FRIEDEWALD, W. F., E. S. MILLER and L. R. WHATLEY: The nature of non-specific inhibition of virus hemagglutination. J. of Exper. Med. **86**, 65 (1947).

HIRST, G. K.: The quantitative determination of influenza virus and antibodies by means of red cell agglutination. J. of Exper. Med. **75**, 49 (1942).

LEVENS, J. H., and J. F. ENDERS: The hemoagglutinative properties of amniotic fluid from embryonated eggs infected with mumpsvirus. Science (Lancaster, Pa.) **102**, 117 (1945).

MC CREA, J. F.: Nonspecific serum inhibition of influenza hemagglutination. Austral. J. Exper. Biol. a. Med. Sci. **24**, 283 (1946). — Mucins and mucoids in relation to influenza virus action. II. Isolation and characterization of the serum mucoid inhibitor of heated influenza virus. Austral. J. Exper. Biol. a. Med. Sci. **26**, 355 (1948).

SALK, J. E.: A simplified procedure for titrating hemagglutinating capacity of influenza-virus and the corresponding antibody. J. of Immun. **49**, 87 (1944). — SMITH, W., and M. A. WESTWOOD: Factors involved in influenza hemagglutination reactions. Brit. J. Exper. Path. **30**, 48 (1949).

TYRRELL, D. A. J., and F. L. HORSFALL: A procedure which eliminates non-specific inhibitor from human serum but does not affect specific antibodies against influenza viruses. J. of Immun. **69**, 563 (1952).

d) Kreuzimmunität.

Die Prüfung einer kreuzweisen Immunität wird für die Identifizierung eines Virus- oder Rickettsienstammes angewendet. Sie beruht auf der Resistenz des Wirtes gegenüber einer Reinfektion mit dem homologen Stamm. Es sind 2 Versuchsmöglichkeiten gegeben. Es kann einmal das Tier mit einem bekannten Stamm infiziert, und, wenn sich eine Immunität ausgebildet hat, mit dem unbekannten zu prüfenden Stamm reinfiziert werden. Oder ein Tier, das eine Infektion mit dem unbekannten Stamm überstanden hat und gegen ihn immun ist, wird mit einem bekannten Stamm reinfiziert. Es muß in jedem Fall die Immunität gegenüber dem zuerst verimpften Stamm vor Durchführung der Reinfektion geprüft werden.

Die Versuchsbedingungen wechseln bei den einzelnen Virus- und Rickettsienarten; wenn möglich sollen jedoch zur Immunisierung und Reinfektion verschiedene Impfwege benutzt werden, um etwaige Interferenzphänomene am Ort der Vorbehandlung auszuschließen.

Im laufenden Laboratoriumsbetrieb wird auf die umfangreichen und zeitraubenden Tierversuche zur Bestimmung der Kreuzimmunität meist verzichtet werden können, besonders dann, wenn einwandfreie in vitro-Methoden zur Verfügung stehen. Dort, wo dies heute noch nicht der Fall ist (Hepatitis epidemica, Serumhepatitis, Virus-Gastroenteritis, Schnupfen, sowie auch auf dem Gebiet der Forschung), kann sie unter Umständen zur ultima ratio werden.

e) Kältehämagglutination.

Kältehämagglutinine agglutinieren Erythrocyten bei Temperaturen zwischen 0 und $+8^0$ C, nicht dagegen bei $+37^0$ C. Sie kommen bei verschiedenen Erkrankungen (hämolytische Anämien, Lebererkrankungen, periphere Gefäßerkrankungen) vor, spielen aber nur bei der Diagnose der atypischen Pneumonie eine diagnostische Rolle.

Technik der Kältehämagglutination.

Blut, welches auf Kältehämagglutinine untersucht werden soll, muß bei Zimmertemperatur oder besser bei $+37^0$ C gerinnen. Das Serum wird abzentrifugiert und bei $+4^0$ C aufbewahrt. Wird das Vollblut unter 37^0 C aufbewahrt, so können die eigenen Erythrocyten die Agglutinine binden. Die zu untersuchenden Sera brauchen nicht inaktiviert werden, doch ist eine Inaktivierung ohne Einfluß auf den Titer. Sera, welche zu verschiedenen Zeitpunkten der Erkrankung gewonnen wurden, müssen zur gleichen Zeit gegen dieselbe Erythrocytensuspension geprüft werden, um individuelle Unterschiede der Erythrocyten auszuschalten.

Werden die Sera längere Zeit bei $+4^0$ C aufbewahrt, so sinkt der Titer ab.

Die Hämagglutination wird mit menschlichen 0-Erythrocyten angesetzt. Es kann sowohl defibriniertes als auch Citratblut benutzt werden. Die Erythrocyten sollen nicht später als 3 Tage nach der Entnahme verwendet werden. Die Erythrocyten werden in 0,85%iger Kochsalzlösung 3mal gewaschen und von dem Sediment eine 1%ige Suspension in 0,85%iger Kochsalzlösung hergestellt.

Das Blut kann auch in ALSEVER-Lösung konserviert werden und ist mehrere Wochen verwendbar.

Kältehämagglutination.

	Röhrchen Nr.								Kontrolle
	1	2	3	4	5	6	7	8	9
Serumverdünnung . .	1:4	1:8	1:16	1:32	1:64	1:128	1:256	1:512	NaCl 0,85%
ml	0,5	0,5	0,5	0,5	0,5	0,5	0,5	0,5	0,5
0-Erythrocyten 1% ml	0,5	0,5	0,5	0,5	0,5	0,5	0,5	0,5	0,5

Der Inhalt eines jeden Röhrchens wird gut gemischt und die Röhrchen bei $+4^0$ C etwa 16—18 Std gehalten. Die Ablesung erfolgt mit bloßem Auge sofort nach Herausnahme aus dem Eisschrank. Der Titer entspricht der höchsten Serumverdünnung, bei welcher noch eine deutliche Hämagglutination auftritt. Normalsera können Titer bis 1:16 zeigen.

Agglutinationen werden dadurch kontrolliert, daß die Röhrchen anschließend 30—120 min im Wasserbad bei $+37^0$ C gehalten werden. Die Agglutination muß sich dann zurückbilden.

Literatur.

Lippelt, H.: Zur Frage der Kälte-Agglutination. Zbl. Bakter. I Orig. **154**, 217 (1949).

Pestalozzi, P.: Über das Vorkommen und die klinische Bedeutung der Kälte-agglutination bei der Viruspneumonie. Schweiz. Z. Path. u. Bakter. **9**, 214 (1946).

f) Der Nachweis heterophiler Antikörper.

Als heterophile Antikörper werden Antikörper bezeichnet, die spezifisch für ein Antigen sind, das in keiner biologischen Verwandtschaft zu dem steht, welches als das immunisierende Agens anzusehen ist.

Bei den meisten Erkrankungen an infektiöser Mononukleose treten im Patientenserum heterophile Agglutinine für Schaf- und Rindererythrocyten in oft hohem Titer auf, so daß diese für die Diagnosestellung von Bedeutung sind.

Im menschlichen Serum lassen sich 3 verschiedene Typen von Agglutininen für Schaferythrocyten unterscheiden:

1. Schafzellagglutinine, welche in Normalserum vorkommen; sie werden nicht durch Rindererythrocyten, wohl aber vollständig von Meerschweinchennierengewebe absorbiert.

2. Schafzellagglutinine, welche im Serum nach Pferdeseruminjektionen und bei der Serumkrankheit auftreten, werden sowohl von Rindererythrocyten als auch von Meerschweinchennierengewebe (auch von Pferdeerythrocyten) vollständig absorbiert.

3. Schafzellagglutinine, welche im Verlauf der infektiösen Mononukleose auftreten, werden von Rindererythrocyten vollständig absorbiert, nicht dagegen von Meerschweinchennierengewebe.

Die reaktiven Stoffe der Rindererythrocyten, wie die des Meerschweinchennierengewebes, welche die betreffenden Antikörper absorbieren, sind thermostabil. Es können so gekochte Zellen bzw. Gewebe zur Absorption verwendet werden.

Technik der Agglutination nach Delikatová.

Herstellung der Rindererythrocyten. Die Rindererythrocyten werden 3mal in 0,85%iger Kochsalzlösung gewaschen und die zentrifugierten Zellen dann im 4fachen ihres Volumens mit 0,85%iger Kochsalzlösung aufgenommen und 1 Std im Wasserbad gekocht. Nach Abkühlen wird auf das ursprüngliche Volumen mit destilliertem Wasser aufgefüllt und 0,5% Phenol entsprechend dem Endvolumen zugesetzt. Die

Emulsion wird bei + 4⁰ C gehalten, sie ist viele Monate verwendungsfähig. Vor dem Gebrauch muß sie gut geschüttelt werden.

Herstellung der Meerschweinchennierenemulsion: Die von Fettkapsel und Nierenbecken befreite Niere wird mit einer Schere zerkleinert. Das Gewebe wird dann wiederholt mit 0,85%iger Kochsalzlösung gewaschen, bis der Überstand frei von Blut ist. Das Gewebe wird nun in einem Mörser zerrieben, mit der 4fachen Menge 0,85%iger Kochsalzlösung versetzt und 1 Std im Wasserbad gekocht. Nach Abkühlen wird auf das ursprüngliche Volumen mit destilliertem Wasser aufgefüllt und 0,5% Phenol entsprechend dem Endvolumen zugesetzt. Die Emulsion wird bei +4⁰ C gehalten, sie ist viele Monate verwendungsfähig. Vor dem Gebrauch muß sie gut durchgemischt werden.

Hammelerythrocyten. Das defibrinierte Hammelblut wird zentrifugiert und die Erythrocyten 3mal in 0,85%iger Kochsalzlösung gewaschen. Zum Versuch wird eine 1%ige Erythrocytensuspension in 0,85%iger Kochsalzlösung hergestellt.

Patientenserum. Die zu untersuchenden Sera werden 30 min bei + 56⁰C inaktiviert. Sera, welche zu verschiedenen Zeitpunkten der Erkrankung gewonnen wurden, müssen im gleichen Versuch gegen dieselbe Erythrocytensuspension geprüft werden, um individuelle Unterschiede verschiedener Erythrocytensuspensionen auszuschalten.

Serumabsorption: In 3 Zentrifugengläser wird je 0,1 ml des inaktivierten Patientenserums gegeben. Dem ersten Röhrchen wird 0,4 ml einer 0,85%igen Kochsalzlösung zugesetzt. Dieses Röhrchen dient als Kontrolle. Zu dem 2. Röhrchen wird 0,4 ml der Meerschweinchennierenemulsion und zu dem 3. 0,4 ml der Rindererythrocyten zugesetzt. Die Röhrchen werden 1 Std unter häufigem Durchmischen bei Zimmertemperatur gehalten. Die mit Rindererythrocyten und Nierengewebe versetzten Röhrchen werden dann 20 min bei 4000 Umdrehungen je Minute zentrifugiert. Nach dem Zentrifugieren muß die überstehende Flüssigkeit völlig klar sein. Die überstehenden Flüssigkeiten werden abpipettiert und serienweise mit 0,85%iger physiologischer Kochsalzlösung verdünnt und auf ihre Fähigkeit, Schaferythrocyten zu agglutinieren, geprüft.

	Röhrchen Nr.					
	1	2	3	4	5	6
Serum absorbiert mit Rindererythrocyten ml	0,25					
NaCl 0,85%ig ml . . .	0,25	0,25	0,25	0,25	0,25	0,25

Herstellung der fortlaufenden Verdünnungen durch Überpipettieren von je 0,25 ml; 0,25 ml des letzten Röhrchens verwerfen.

| Hammelerythrocyten 1% ml . . . . | 0,25 | 0,25 | 0,25 | 0,25 | 0,25 | 0,25 |

	Röhrchen Nr.					
	1	2	3	4	5	6
Serum absorbiert mit Meerschweinchen-nieren-Emulsion ml . .	0,25					
NaCl 0,85%ig ml . . .	0,25	0,25	0,25	0,25	0,25	0,25

Herstellung der fortlaufenden Verdünnungen durch Überpipettieren von je 0,25; 0,25 ml des letzten Röhrchens verwerfen.

	Röhrchen Nr.					
Hammelerythrocyten 1% ml	0,25	0,25	0,25	0,25	0,25	0,25

	Röhrchen Nr.					
	1	2	3	4	5	6
Verdünntes unabsorbiertes Serum 1:5, ml	0,25					
NaCl 0,85%ig ml . . .	0,25	0,25	0,25	0,25	0,25	0,25

Herstellung der fortlaufenden Verdünnungen durch Überpipettieren von je 0,25 ml; 0,25 ml des letzten Röhrchens verwerfen.

	Röhrchen Nr.					
Hammelerythrocyten 1% ml	0,25	0,25	0,25	0,25	0,25	0,25

Den einzelnen Röhrchen entsprechen folgende Serumverdünnungen (bezogen auf die Serumverdünnung vor Zusatz der Erythrocyten-suspension):

	Röhrchen Nr.					
	1	2	3	4	5	6
Serumverdünnung . . .	1:10	1:20	1:40	1:80	1:160	1:320

Der Inhalt eines jeden Röhrchens wird gut durchgemischt. Die Röhrchen werden dann 2 Std bei +37⁰ C gehalten, das Ergebnis abgelesen und anschließend 16—18 Std bei +4⁰ C aufbewahrt. Danach werden die Röhrchen wiederum 1—2 Std in ein Wasserbad von +37⁰ C gegeben (eine etwaige Kältehämagglutination wird dadurch ausgeschaltet) und zum zweitenmal abgelesen. Die höchste Serumverdünnung bei welcher noch eine deutliche Agglutination eintritt, wird als Titer gewertet.

Literatur.

DELIKATOVÁ: Differential PAUL-BUNNELL Test. In „Advances in clinical pathology". Philadelphia: Blakiston Company 1948.

LANDSTEINER, K.: The specifity of serological reactions. Harvard University Press 1947.

TOMCSIK, J., u. H. SCHWARZWEISS: Antigenanalyse der Erythrocyten mittels Mononucleose-Serum. Schweiz. Z. Path. u. Bakter. 10, 407 (1947).

11. Nährböden zur Sterilitätskontrolle.

Flüssiger Nährboden mit Zusatz von Natriumthioglycolat nach BREWER.

Ein Zusatz von Natriumthioglycolat zu einem Nährmedium erhält die anaeroben Bedingungen, die während der Sterilisation bestehen. In solchen Nährböden können ohne besondere Vorkehrungen sowohl anaerobe als auch aerobe Bakterien gezüchtet werden.

Gewöhnlicher gepufferter Fleischbouillon (p_H 7,2) mit 1% Pepton wird zugegeben:

Natriumthioglycolat („Bayer")	0,1%
l-Cystin („Bayer")	0,075%
Dextrose	0,5%
Agar (zur Verhinderung einer Flüssigkeits-strömung)	0,05%
Azoresorcin („Merck") (Indicator zur Bestimmung des Redoxpotentials)	0,0001%.

Der Nährboden wird in Reagensgläser abgefüllt, die Flüssigkeit soll mindestens 10 cm hoch im Glas stehen. Verschluß mit Zellstoffstopfen. Der Nährboden wird im Autoklav 20 min bei 121° C sterilisiert und im Dunkeln bei Zimmertemperatur aufbewahrt.

Das Azoresorcin bleibt bis auf die ganz oberflächliche Flüssigkeitsschicht entfärbt. Wenn während der Aufbewahrung etwa 30% des Nährbodens oxydiert sind, kann der Nährboden vor Gebrauch einmal im Dampftopf erhitzt werden, um den absorbierten Sauerstoff zu entfernen.

Blutagar.

Gewöhnlicher Nähragar (p_H 7,4) wird im Autoklav sterilisiert und dem Agar nach dem Abkühlen auf 45°—55° C 5% steriles defibriniertes Blut (Menschen-, Pferde-, Hammel- oder Kaninchenblut) zugegeben und gut durchgemischt. Der Nährboden wird entweder in PETRIschalen oder in Reagensröhrchen abgefüllt. Zur Sterilitätskontrolle wird der Nährboden 24 Std im Brutschrank bei 37° C gehalten und anschließend im Eisschrank bis zum Gebrauch aufbewahrt.

Der zur Herstellung verwendete Nähragar muß 0,5% Kochsalz enthalten, um eine Hämolyse des Blutes zu verhindern.

Literatur.

BREWER, H. J.: A clear medium for the „aerobic" cultivation of anaerobes. J. Bacter. **39**, 10 (1940).

12. Reinigung von Glasgeräten.

Glasgeräte für serologische Arbeiten. Der Inhalt von Röhrchen, Pipetten, Meßzylindern, ERLENMEYER-Kolben wird sofort nach Gebrauch ausgegossen und die Glasgeräte in einen Behälter mit Leitungswasser gegeben. Blut und Serum sollen an den Glasgeräten nicht antrocknen. Nach mehrmaligem Waschen in Leitungswasser mit destilliertem Wasser spülen. Zur Reinigung keine Chemikalien benutzen. Wird das Glas mit der Zeit trüb oder verschließt eingetrocknetes Serum die Pipetten, so werden die Glasgeräte in 2—5%iger Natriumcarbonatlösung gekocht (30 min) und mit klarem Wasser nachgespült, bis Lackmuspapier keine alkalische Reaktion mehr anzeigt. Anschließend mit Aqua dest. spülen. Pipetten können sofort nach Gebrauch in einen Zylinder gegeben werden, welcher dreibasisches Natriumphosphat ($Na_3PO_4 \cdot 12\,H_2O$) in 5—10%iger Lösung enthält.

Bei *biologischen Arbeiten* dürfen Glasgeräte nicht mit Bichromatschwefelsäure gereinigt werden. Es entstehen hierbei Chromi-Verbindungen, die sehr fest an der Glasoberfläche haften und bei weiterem Gebrauch durch Ionenaustausch dreiwertiges Chrom abgeben, das organische Substanzen störend beeinflußt.

Folgende Reinigungsmethode wird empfohlen, welche nur leicht lösliche Reduktionsprodukte gibt, die durch Nachwaschen mit Wasser rückstandslos entfernt werden können:

In einem säure- und hitzebeständigen Behälter wird konzentrierte Schwefelsäure mit 0,5% Natriumnitrat ($NaNO_3$) und 0,5% Natriumchlorat ($NaClO_3$) versetzt. Die Mischung wird unter einem Abzug auf etwa 90° C erhitzt. Sie ist nach dem Abkühlen fast farblos und kann in offenen Gefäßen gehalten werden. Die Glasgeräte werden 24 Std in die Säure eingebracht und anschließend mehrmals mit warmem Leitungswasser gespült. Um festzustellen, ob die Säure vollkommen entfernt ist, wird das letzte Waschwasser mit Indicatorpapier auf sein p_H geprüft. Anschließend 2maliges Spülen in Aqua dest., dann in 96%igem Alkohol. Geräte im Heißluftsterilisator trocknen.

Auf einer sauberen Glasfläche läuft destilliertes Wasser in breiter Fläche ohne Tropfenbildung ab.

13. Tierhaltung.

Maus.

Die Mäusekolonie soll nicht mit anderen Tierarten zusammen untergebracht werden. Es ist vorteilhafter für die Kolonie mehrere kleine Räume zu haben, als einen größeren, da so eventuell vorkommende Infektionen besser beherrscht werden können. Es ist unerläßlich, eine eigene Mäusekolonie zu haben, deren Eigenschaften bekannt sind und nicht auf die Lieferung von Händlern angewiesen zu sein. Niemals sollten fremde Tiere zu der Kolonie gegeben werden, da diese, ohne Krankheitserscheinungen zu zeigen, infiziert sein können. Gegen Keime, für die sie selbst teilweise resistent sind, können die Mäuse der eigenen Kolonie keine oder nur eine geringe Resistenz besitzen. Müssen der Kolonie Mäuse von außen zugeführt werden, so soll dies nur nach entsprechender Quarantäne erfolgen.

Mäuse sind gegen Kälte, zugige, feuchte und dumpfe Luft und besonders gegen plötzliche Temperaturschwankungen sehr empfindlich. Die Einhaltung einer gleichmäßigen Temperatur ist wesentlich. Die Raumtemperatur hängt davon ab, welche Art von Käfigen verwendet wird. Bei Metall- und Glaskäfigen ist die Raumtemperatur höher zu halten als bei Holzkäfigen. Bei einer Temperatur zwischen $+21^0$ C und $+26^0$ C gedeihen Mäuse gut. Die Luftfeuchtigkeit soll etwa 50% betragen und auch im Winter gehalten werden. Zur Zucht eignen sich Glasgefäße (viereckige Aquariengläser) mit einem Deckel aus perforiertem verzinktem Eisenblech. Glasgefäße haben den Vorteil, daß in ihnen die Tiere in kurzer Zeit überblickt werden können und sie leicht zu reinigen und zu sterilisieren sind. Die Käfige werden 2mal wöchentlich gereinigt und in einem der gebräuchlichen Desinfektionsmittel gewaschen. Die Tiere werden in frisch gereinigte Gefäße umgesetzt. Als Einstreu erhalten die Käfige Sägespäne, darüber eine dünne Schicht Papier oder Zellstoff. Die im Versuch stehenden Tiere können in Gläsern zu je 6 Tieren gehalten werden. Mäuse sollen nicht dem direkten Sonnenlicht oder Tageslicht ausgesetzt werden. Dies trifft besonders für Tiere zu, die geworfen haben.

Die Tiere werden täglich 1mal gefüttert. Als Mischfutter bewährt sich: Hafer 50%, Weizen 25%, Hanf 15%, Sonnenblumenkerne 10%. Dazu getrocknete kleingemachte Garnelen, etwa eine Handvoll auf einen Eimer Futter. Nach Mischen in einer Trommel erhält jedes Tier je Tag etwa 10 g. Zusätzlich kann Hundekuchen, trockenes Brot und Semmel gegeben werden. Milch ist nur für säugende Tiere und die junge Nachzucht erforderlich. Die Tiere erhalten Vollmilch, die zur Hälfte mit Wasser verdünnt ist. Milchreste müssen nach 2—3 Std aus dem Käfig entfernt werden, da saure Milch Durchfall verursacht. Frisches klares Wasser in entsprechenden Trinkgefäßen soll zu jeder Zeit vorhanden sein.

Zur Zucht wird 1 Bock zu 5—10 Weibchen gegeben. Die Trächtigkeitsdauer beträgt 18—21 Tage. Trächtige Weibchen werden einzeln gesetzt. Das Weibchen wirft meist 5—9 Junge. Am 2.—5. Tag wachsen den Jungen die Tasthaare, am 11. Tag dichtes Haar, die Augen werden am 13.—18. Tag geöffnet. Vom 14. Tag an wird das Nest verlassen. Mit etwa $2^1/_2$ Wochen beginnen die Jungen selbständig zu fressen. Mit 21 Tagen sollen die jungen Tiere ein Gewicht von 10 g erreicht haben. Sie werden im Alter von 3—4 Wochen von der Mutter getrennt. Weibchen erreichen ihre Zuchtreife mit 8 Wochen (18—20 g), die Männchen ihre Geschlechtsreife mit 5—6 Wochen (12—15 g). Das Höchstgewicht der weißen Maus beträgt durchschnittlich 25—30 g. Weibchen, welche 8—9 Monate alt sind, bzw. solche, die 3mal geworfen haben, werden aus der Zucht entfernt. Um immer zuchtleistungsfähige Tiere mit hohen Wurfzahlen zu haben, muß der gesamte Mäusebestand 2mal im Jahr aus sich heraus erneuert werden.

Intestinale Infektionen durch Bakterien der Paratyphusgruppe (B. typhimurium, B. Gärtner) sind häufig. Die Mäusesepticämie wird durch Pasteurella muriseptica hervorgerufen. Infektionen mit Staphylokokken und Streptokokken (subcutane Abscesse) werden oft beobachtet. Gelegentlich treten Infektionen mit dem Streptobacillus moniliformis in Verbindung mit pleuropneumonieähnlichen Organismen auf. Mehrere virusbedingte Erkrankungen sind bekannt. Die Ektromelie tritt in akuter (rauhes Fell, keine Hauterscheinungen, Tod oft in kurzer Zeit) und chronischer Form auf (Ödem eines Fußes, gewöhnlich Hinterfuß, dann Ganggrän. Die Tiere erholen sich meist und sind dann immun, aber Virusträger). Infektionen mit dem Virus der lymphocytären Choriomeningitis sind oft latent, ebenso die mit dem Encephalomyelitis-THEILER-Virus. Bei Infektion mit dem THEILER-Virus findet sich oft eine schlaffe Lähmung der hinteren Extremitäten ohne sonstige Krankheitserscheinungen, diese Tiere gehen fast immer ein. Viren der Psittakosegruppe sind in gesund erscheinenden Tieren nachgewiesen worden. Latente Infektionen mit diesen Viren können aktiviert werden, wenn Untersuchungsmaterial verimpft wird.

Ratte.

Die Ratten erhalten dasselbe Futter wie Mäuse.

Die Weibchen sind mit 4 Monaten zuchtreif. Es werden 4—5 Weibchen zu einem Bock gegeben. Trächtige Tiere werden einzeln gesetzt. Die Tragezeit beträgt 3 Wochen. Durchschnittlich werden 6 Junge geworfen. Die jungen Tiere werden nach 4—6 Wochen von der Mutter getrennt. Das Muttertier kann 2 Wochen nach Wegnahme der Jungen erneut belegt werden. Ein Weibchen soll etwa 3—4 Würfe jährlich bringen.

Ratten sind gegenüber Infektionen sehr widerstandsfähig. Es kommen vor allem Infektionen mit Bakterien der Paratyphusgruppe (B. Gärtner, B. typhimurium) vor, sowie Pneumonien, die durch hämolytische Streptokokken bedingt sind.

Meerschweinchen.

Meerschweinchen können in Innen- als auch Außenställen gehalten werden. Sind die Tiere daran gewöhnt, so können sie das ganze Jahr über in einem Außenstall gehalten werden, obgleich die Bedingungen in einem Innenstall besser sind. Die Tiere werden entweder in Holzställen oder Metallkäfigen gehalten. Als Bettungsmaterial werden Sägespäne und Heu verwendet. Die Raumtemperatur des Innenstalles soll zwischen 18 und 20° C liegen.

Im Gegensatz zu anderen Nagern benötigen die Meerschweinchen größere Mengen Vitamin C, besonders während der Schwangerschaft. Als Grundkost wird kleingeschlagener Weizen und Hafer (eventuell mit Zusatz von Milchpulver und Vitamin A und B) gegeben. Brot und gekochte Kartoffeln werden zugefüttert. Die Tiere müssen immer, je nach Jahreszeit, Futterrüben, Kohl, Mohrrüben, Kohlrabi, Salat oder Klee zusätzlich erhalten.

Den Tieren soll immer Trinkwasser, besonders während der Sommermonate, zur Verfügung stehen, auch wenn eine ausreichende Menge Frischfutter verfüttert wird.

Zur Zucht werden 4—5 Weibchen und 1 Bock zusammengegeben. Trächtige Weibchen werden allein gesetzt. Die Tragezeit beträgt im Mittel 68 Tage. Durch die lange Tragezeit sind neugeborene Tiere weit entwickelt. Bei der Geburt sind die Augen geöffnet, die Tiere sind voll behaart und es sind Zähne vorhanden, so daß die Tiere schon feste Nahrung zu sich nehmen können. Der erste Wurf eines Weibchens ist gewöhnlich klein, auch überleben die Jungen oft nicht.

Im Durchschnitt werden 3 Junge geboren. Das Geburtsgewicht beträgt etwa 60 g. Die Jungen werden nach 3—4 Wochen entsprechend etwa einem Gewicht von 170—200 g von der Mutter getrennt. Die Weibchen erreichen ihre sexuelle Reife schon mit etwa 30 Tagen, doch sollen nur Tiere mit einem Gewicht von 500—600 g entsprechend einem Alter von 4 Monaten für die Zucht verwendet werden. Die Männchen werden mit 70 Tagen geschlechtsreif. Das Meerschweinchen wirft jährlich 3mal im Durchschnitt 3 Junge. Weibchen können 2 Jahre zur Zucht verwendet werden, so daß je Muttertier etwa 15—20 Junge geboren werden.

Das Meerschweinchen wächst bis zum 15. Monat. Die normale rectale Temperatur kann bis zu 40° C betragen. Tiere, die an Vitamin C-Mangel leiden, zeigen oft ein struppiges rauhes Fell. Infektionen des Respirationstraktes (Pneumokokken, Streptokokken) und Infektionen mit Bakterien der Paratyphusgruppe (B. typhimurium) sind häufig, ebenso Infektionen mit hämolytischen Streptokokken (Gruppe C). Mehrere spontane Viruserkrankungen sind beschrieben (Meerschweinchenlähme, Infektionen mit dem Speicheldrüsenvirus von COLE und KUTTNER).

Kaninchen.

Die Tiere werden in Außenkäfigen aus Holz das ganze Jahr über im Freien, gegen Zugluft und Regen geschützt, gehalten. In Außenställen werden die Tiere widerstandsfähiger.

Als Grundernährung erhalten die Tiere eine Mischung, die sich aus 2 Teilen Hafer, 2 Teilen Weizen und 1 Teil Sojabohnen zusammensetzt. Heu dient gleichzeitig zur Bettung und zur Fütterung. Im Sommer bildet Grünfutter die Hauptnahrung. Immer sollen Mohrrüben, Steckrüben, Kohlrabi, Kohl und gekochte Kartoffeln je nach der Jahreszeit zugefüttert werden. Den Tieren muß stets eine genügende Menge Wasser zur Verfügung stehen.

Zur Zucht genügt 1 Bock für 8—10 weibliche Tiere. Die leichteren Rassen werden mit 6—7, die schweren Rassen mit 9—10 Monaten zuchtreif. Die Tragezeit beträgt etwa 1 Monat. Das trächtige Tier wirft 3—6 blinde und bei der Geburt nackte Junge, die am 3.—4. Tag behaart werden. Die Augen öffnen sich am 9. Tag. Sind die Jungen 14—20 Tage alt, so verlassen sie das Nest und nehmen feste Nahrung zu sich. Die Säugezeit beträgt 6 Wochen, die Jungen werden dann von dem Muttertier getrennt. Um gute Säugeleistung und einen kräftigen Nachwuchs zu erzielen, soll das Muttertier im Jahr nur 2—3 Würfe bringen.

Die normale rectale Körpertemperatur beträgt bis zu 40° C.

Coccidiose ist die häufigste Krankheit des Kaninchens. Sie kann in akuter, subakuter und chronischer Form auftreten (Durchfall, Krämpfe, Abmagerung, Schwäche der hinteren Extremitäten). Infektionen des Respirationstraktes werden durch Pasteurella lepiseptica und Haemophilus bronchisepticus hervorgerufen. Spontane Encephalitis durch Encephalitozoon cuniculi und Toxoplasma cuniculi sind häufiger beobachtet. Infektionen mit dem Virus III (MILLER, ANDREWES, SWIFT) äußern sich in einer akuten Orchitis. Myxomatose und Kaninchenpocken haben keine praktische Bedeutung.

Hamster.

Die Tiere werden am besten in Metallkäfigen gehalten, deren Seitenwände mit Löchern versehen sind. Der Deckel wird aus verzinktem Eisendraht angefertigt. Als Einstreu werden Sägespäne und Heu verwendet. In einem halb verdunkelten Raum fühlen sich die Tiere am wohlsten. Die Raumtemperatur soll zwischen 21 und 24° C liegen.

Die Tiere werden 1mal täglich gefüttert und erhalten als Grundnahrung Weizen, Hafer, Hundekuchen sowie trockenes Brot, dazu an Grünfutter: Mohrrüben, Kohl und Milch. Während der Wintermonate können Vitamin A- und B-Konzentrate zugesetzt werden.

Die Tiere werden im Alter von 10—15 Wochen geschlechtsreif. Weibchen können im Alter von 15 Wochen zur Zucht verwendet werden. Ein Weibchen wird zu einem Männchen gegeben und die Tiere etwa 1 Woche zusammen in dem Käfig belassen. Die Tragezeit beträgt im Durchschnitt etwa 16 Tage. Es werden etwa je 7 Junge geworfen. Die Jungen werden nackt geboren, sie werden am 5. Tag behaart, am 11. Tag öffnen sich die Augen. Im Alter von 3—4 Wochen können die Jungen von dem Muttertier getrennt werden. Das Muttertier soll nach 3 Würfen oder im Alter von mehr als 9 Monaten aus der Zucht entfernt werden. Die Lebensdauer des Hamsters beträgt 1—2 Jahre.

Latente Infektionen mit Viren der Psittakose-Gruppe sind relativ häufig.

Affen.

Die am meisten im Laboratorium verwendete Affenart ist der Rhesusaffe (Maccaca mulatta, Indien). Der Cynomolgusaffe (Maccaca cynomolgus, irus, mordax, Java, Ostindien, Philippinen, Malaya) und der Schimpanse (Pan satyrus, Afrika) werden nur für besondere Fragestellungen gebraucht. Von allen Arten ist der Rhesusaffe am einfachsten zu handhaben und am leichtesten zu beschaffen. Die Unterbringung der Affen richtet sich nach den Erfordernissen (Versuche über längere oder kürzere Zeit) und dem verfügbaren Raum. Die Affen sind in Gefangenschaft schmutzig. Ein häufiges Reinigen der Käfige wie eine ausreichende Raumventilation sind unerläßlich. Die Vorratsställe sollen nicht zu groß gebaut werden und es empfiehlt sich, nicht mehr als 6 Tiere in einem gemeinsamen Stall unterbringen. Zweckmäßig sind nach Süden gelegene Ausläufe, die besonders dann erforderlich werden, wenn die Tiere für länger dauernde Versuche verwendet werden sollen. Die Raumtemperatur soll 21° C betragen.

Bei Versuchen ist darauf zu achten, daß die Käfige gut abgedichtet sind, damit es nicht zu einem Verstreuen des infektiösen Materials kommt. Andererseits sollen die Käfige jedoch so konstruiert sein, daß die Tiere leicht beobachtet und herausgenommen werden können, um die täglichen Temperaturmessungen durchzuführen.

Frisch der Kolonie zugefügte Tiere müssen mindestens 6 Wochen in Quarantäne gehalten werden. In Gefangenschaft sind die Tiere sehr empfänglich für Tuberkulose (humaner und boviner Typ) und neue Tiere sollen mit Tuberkulin untersucht werden. Alt-Tuberkulin wird mit physiologischer Kochsalzlösung 1:100 verdünnt und hiervon 0,1 ml in das Oberlid eines Auges injiziert. Tritt bis zum 4. Tag keine Reaktion auf, so wird sie als negativ angesehen. Tiere, welche positiv reagieren, müssen sofort entfernt werden, da sie sonst die ganze Kolonie verseuchen und auch für das Personal gefährlich sind, da sie oft mit dem humanen Typ der Tuberkelbakterien infiziert sind.

Um die Tiere vor Ungeziefer zu schützen, werden die Käfige wie auch die Tiere 1mal im Monat mit einem DDT-Präparat, wie z. B. Paral, besprüht.

Eine eigene Zucht ist prinzipiell bei guten Stallverhältnissen auch in unserem Klima möglich, lohnt sich jedoch nicht. Die Trächtigkeitsdauer des Rhesusaffen beträgt im Mittel 164 Tage. Im Alter von 1 bis 3 Jahren haben die Tiere ein Gewicht von 1500—4000 g.

Die Affen sind Vegetarier. Es ist wichtig, diesen Tieren, die kein Fleisch fressen, genügend Eiweiß zuzuführen. Die Grundernährung besteht aus Weizen, Reis, Haferflocken, Nudeln, gekochten Kartoffeln und Brot. Weizen, Reis und Haferflocken werden trocken als auch gekocht gefressen. Dazu werden Erdnüsse und Sonnenblumenkerne gegeben. Ein Rhesusaffe benötigt je nach Größe 25—75 mg Vitamin C täglich, das je nach der Jahreszeit in Form von frischem Obst und Gemüse zugeführt werden kann (Äpfel, Tomaten, Bananen, Apfelsinen, Karotten, Zwiebeln). Affen gedeihen besser, wenn sie zusätzlich Milch erhalten. Es darf nur gekochte Milch (Tuberkulose) verfüttert werden. Da die Milch oft verschüttet wird, kann dem gekochten Reis oder den Haferflocken Milch zugesetzt werden. Affen fressen auch gekochte Eier und diese sind eine wichtige Eiweißquelle. Gern wird gekochter Reis genommen, wenn diesem Rosinen zugesetzt sind. Wesentlich ist, daß mit der Nahrung gewechselt und nicht täglich dasselbe verfüttert wird. Die Tiere erhalten täglich 2 Mahlzeiten, die erste nach dem Reinigen der Käfige. Beim Fressen müssen die Tiere beobachtet werden, um festzustellen, welche Nahrungsmittel von ihnen verworfen werden, und vor allem, ob in einem Stall, in dem mehrere Tiere zusammen untergebracht sind, alle Zugang zum Futter haben. Es wird häufig beobachtet, daß große Tiere kleinere vom Futter abdrängen, so daß Umgruppierungen notwendig werden. Wasser ist immer in ausreichender Menge zur Verfügung zu stellen.

An Stelle von Wasser kann auch dünner Tee gegeben werden, dem Vitamin C zugesetzt ist und der mit Zucker etwas nachgesüßt wird. Die Futtermenge soll so bemessen sein, daß immer ausreichend vorhanden ist. Alle Tiere erhalten regelmäßig Vitamin D, das in Form von Vigantol auf Würfelzucker getropft von ihnen ohne weiteres angenommen wird. In den Wintermonaten, in denen die Tiere nicht ins Freie kommen, können sie zusätzlich mit Höhensonne bestrahlt werden.

Die normale rectale Körpertemperatur des Affen beträgt bis zu 40° C. Affen erkranken in der Gefangenschaft häufig an Pneumonie, besonders während der Wintermonate. Penicillin- und Streptomycinbehandlung ist aussichtsreich. Wird bei neuen Tieren die Tuberkulinprobe durchgeführt und diese in $^1/_2$jährlichen Intervallen wiederholt, so kann die Tuberkulose, die oft in gastro-intestinaler Form vorkommt, weitgehend ausgeschaltet werden. Über Infektionen mit dem Virus der lymphocytären Choriomeningitis und dem „B“-Virus (SABIN und WRIGHT) ist berichtet worden.

Literatur.

DÖTTL: Zucht und Haltung weißer Mäuse und Ratten für wissenschaftliche Zwecke. Medizin u. Chemie 4 (1942).

FARRIS, E. J.: The care and breeding of laboratory animals. New York: John Wiley & Sons 1950.

HARTMANN, C. G., and W. L. STRAUS: The anatomy of the rhesus monkey. Baltimore: Williams & Wilkins Company 1933. — HERRLEIN, H. G.: A practical guide on the care of small animals for medical research. New City, New York: Rockland Farms 1949.

JAFFÉ, R.: Anatomie und Pathologie der Spontanerkrankungen der kleinen Laboratoriumstiere. Berlin: Springer 1931.

MAGNUS, H. v., and P. v. MAGNUS: Breeding of a colony of white mice free of encephalomyelitis virus. Acta path. scand. (Københ.) **26**, 175 (1948).

PARISH, H. J.: Notes on communicable diseases of laboratory animals. Edinburgh: Livingstone 1950.

ROSCOE, B. Jackson Memorial Laboratory: Biology of the laboratory mouse. Philadelphia: Blakiston Company 1941.

THEISS, O.: Einrichtung, Aufbau und Haltung einer eigenen Mäusezucht. Zbl. Bakter. I Orig. **151**, 468 (1944/45).

WORDEN, A. N.: The UFAW Handbook on the care and management of laboratory animals. London: Ballière, Tindall & Cox 1949.

14. Tier-Infektionstechnik.

Maus.

Intracerebral. Mäuse werden intracerebral infiziert, indem eine Kanüle (Nr. 20) bis zu einer Tiefe von ungefähr 3 mm eingeführt wird. Die Einstichstelle soll auf einer Linie in der Mitte zwischen dem äußeren Rand der Augenhöhle und dem äußeren Gehörgang liegen. Es können 0,03 ml mittels einer 0,25 ml-Tuberkulinspritze injiziert werden.

Intravenös. Die Schwanzvenen werden mit einer kleinen Klammer gestaut. Durch Eintauchen des Schwanzes in warmes Wasser oder kurzes Abreiben mit Xylol treten die Venen deutlicher hervor. Mit feiner, ganz scharfer kurzgeschliffener Kanüle wird eine Schwanzvene punktiert, die Stauung gelöst und langsam injiziert. Die maximale Injektionsmenge beträgt 0,5 ml bei einer Maus von 20 g.

Subcutan. Die Injektion wird unter die Rückenhaut in der Nähe des Schwanzansatzes gemacht.

Intraperitoneal. Die Injektion wird seitlich der Mittellinie in die untere Hälfte des Abdomens gegeben. Die maximale Injektionsmenge beträgt 2,0 ml.

Intranasal. Zum Schutz gegen Versprühen des Materials unter einer Glasplatte arbeiten. Leichte Äthernarkose, Einträufeln der Suspension mit einer Capillarpipette je 2 Tropfen je Nasenloch.

Hamster.

Infektionstechnik analog zu der der Maus.

Kaninchen.

Intravenös. Es werden die Venen, die nahe dem Ohrrand laufen, punktiert. Durch kurzes Reiben mit einem mit Xylol getränkten Tupfer treten die Venen deutlicher hervor. Nachdem die Vene nahe dem Ohransatz gestaut ist, wird die Kanüle in die Vene eingeführt. Sie muß so gehalten werden, daß sie der Vene in ihrem Verlauf parallel folgt. Müssen bei demselben Tier im Ablauf des Versuches mehrere Injektionen gemacht werden, so wird soweit wie möglich an der Ohrspitze mit der ersten Injektion begonnen. Tamponade der Punktionsstelle für einige Minuten.

Corneal. Leichte Äthernarkose. Der Augapfel wird durch Pressen mit dem stumpfen Ende einer Pinzette gegen das Unterlid hervorgedrückt. Indem das Auge auf diese Weise fixiert ist, wird die Cornea mit einer nicht zu spitzen Kanüle oberflächlich gitterförmig eingeritzt. Der Limbus darf nicht berührt werden, damit Blutungen aus den Randgefäßen vermieden werden. Mit einer Pipette wird etwa 0,1 ml der Suspension tropfenweise auf die Cornea gegeben und die Suspension auf der Cornea mit der Pipettenspitze oder einem Wattebausch verrieben.

Intracerebral. Leichte Äthernarkose. Nach Hautschnitt und Durchtrennung der Galea wird ein Bohrloch an einer Seite des Schädels angelegt. Das Bohrloch soll etwa 2 mm lateral der Sagittalnaht und 1,5 mm vor der Lambdanaht liegen. Es können etwa 0,45 ml in den Occipitallappen injiziert werden.

Blutentnahme. Etwa 20 ml Blut können aus der Zentralarterie des Ohres entnommen werden. Die Kanüle wird so eingelegt, daß ihre Spitze zum Ohransatz zeigt. Größere Blutmengen können aus einem Femoralgefäß entnommen werden.

Meerschweinchen.

Intraperitoneal. Die Kanüle wird mit 2 Bewegungen durch die Bauchwand gestoßen, zunächst durch die Haut in fast horizontaler Richtung, dann senkrecht durch Muskulatur und Peritoneum. Injektionsmenge bis zu 5 ml.

Hammel.

Blutentnahme aus der Vena jugularis. Nach leichter Stauung mit einem Gummischlauch um den unteren Teil des an der Entnahmestelle geschorenen Halses wird das Blut mit einer dicken Aderlaßkanüle entnommen, die in die äußere Jugularvene eingeführt wird. Diese läuft in einer Linie direkt hinter dem Kieferwinkel zum Sternoclaviculargelenk.

Huhn.

Blutentnahme aus der Flügelvene. Auf der Unterseite eines Flügels werden die Federn nahe des Humerus gerupft. Es werden die Venen punktiert, die in der Nähe des Humerus verlaufen. Zwei Ligaturen, die etwa 1 cm voneinander entfernt sind, werden um die Vene geschlungen, die dann zwischen beiden eröffnet wird. Das Blut wird in Zentrifugengläsern aufgefangen, und die beiden Ligaturen geknüpft. Das Tier soll eine entsprechende Menge Kochsalzlösung subcutan erhalten, um den Blutverlust auszugleichen. Ebenso lassen sich aus der Jugularvene größere Mengen Blut entnehmen. Stauung durch leichten Druck auf die Vene am unteren Teil des Halses.

Affe.

Injektion in den Thalamus. Nach Hautschnitt und Durchtrennung der Galea wird ein Bohrloch an einer Seite des Schädels durch die Frontalnaht angelegt. Das Bohrloch soll etwa 5 mm lateral der Mittellinie liegen. Zur Injektion wird eine 2,5 cm lange Nadel verwendet, die bis zum Conus eingeführt wird. Die Nadel wird so eingeführt, daß sie auf den Kieferwinkel zeigt und leicht zur Mittellinie geneigt ist. Die maximale Injektionsmenge beträgt 0,4 ml.

Intranasale Verimpfung. Ein Nasenloch wird mit einem Wattetupfer verschlossen. Die Suspension wird mittels einer Spritze, die mit einem kleinen Gummischlauch versehen ist, langsam in das andere Nasenloch injiziert. Es muß unter dem Schutz einer Glasplatte gearbeitet werden.

15. Sterilisationsverfahren.

Trockene Wärme.

a) Heißluftsterilisator: 150° C — 2 Std (Glas- und Metallgeräte).

b) Ausglühen in nicht leuchtender Flamme (Platinösen, Metallgeräte).

Feuchte Wärme.

a) Auskochen in sodahaltigem Wasser: 20 min (Metallinstrumente).

b) Strömender Wasserdampf: Fraktionierte Sterilisation: An 2—3 aufeinanderfolgenden Tagen je 20—30 min zur Vernichtung eventuell vorhandener Sporen. In der Zwischenzeit bei Raumtemperatur oder 37° C halten (temperaturempfindliche Flüssigkeiten, Nährböden).

Pasteurisieren: Je nach Beschaffenheit des Sterilisiergutes in Abständen mehrmals auf Temperaturen unter 100° C erhitzen (temperaturempfindliche Flüssigkeiten).

c) Überhitzter Wasserdampf: Autoklav: 120⁰ C, 1 atü, 15—30 min, je nach Flüssigkeitsmenge (thermostabile Flüssigkeiten, Gummi).

Strahlungswirkungen.

Ultraviolettes Licht, besondere Wirksamkeit im Wellenlängenbereich um 260 mμ (Anwendungsmöglichkeiten beschränkt; Luftentkeimung, Sterilisation dünner Flüssigkeitsschichten).

Keimabscheidung.

a) Für Flüssigkeiten durch Filter: Asbestfilter, Kieselgurfilter, Glassinterfilter, Membranfilter (für sehr thermolabile Flüssigkeiten).

b) Für Gase: Wattefilter und Glassinterfilter.

Chemische Wirkungen.

Zur Desinfektion virushaltigen Materials ist Chloramin, Natronlauge, Kaliumpermanganat und Wasserstoffsuperoxyd geeignet.

16. Umrechnungstabelle Celsius in Fahrenheit.

°C	°F	°C	°F	°C	°F	°C	°F	°C	°F
—35	—22,3	+27	+80,6	+83	+181,4	+139	+282,2	+195	+383,0
—29	—20,2	28	82,4	84	183,2	140	284,0	196	384,8
—28	—18,4	29	84,2	85	185,0	141	285,8	197	386,6
—27	—16,6	30	86,0	86	186,8	142	287,6	198	388,4
—26	—14,8	31	87,8	87	188,6	143	289,4	199	390,2
—25	—13,0	32	89,6	88	190,4	144	291,2	200	392,0
—24	—11,2	33	91,4	89	192,2	145	293,0	201	393,8
—23	— 9,4	34	93,2	90	194,0	146	294,8	202	395,6
—22	— 7,6	35	95,0	91	195,8	147	296,6	203	397,4
—21	— 5,8	36	96,8	92	197,6	148	298,4	204	399,2
—20	— 4,0	37	98,6	93	199,4	149	300,2	205	401,0
—19	— 2,2	38	100,4	94	201,2	150	302,0	206	402,8
—18	0,4	39	102,2	95	203,0	151	303,8	207	404,6
—17	+ 1,4	40	104,0	96	204,8	152	305,6	208	406,4
—16	3,2	41	105,8	97	206,6	153	307,4	209	408,2
—15	5,0	42	107,6	98	208,4	154	309,2	210	410,0
—14	6,8	43	109,4	99	210,2	155	311,0	211	411,8
—13	8,6	44	111,2	100	212,0	156	312,8	212	413,6
—12	10,4	45	113,0	101	213,8	157	314,6	213	415,4
—11	12,2	46	114,8	102	215,6	158	316,4	214	417,2
—10	14,0	47	116,6	103	217,4	159	318,2	215	419,0
— 9	15,8	48	118,4	104	219,2	160	320,0	216	420,8
— 8	17,6	49	120,2	105	221,0	161	321,8	217	422,6
— 7	19,4	50	122,0	106	222,8	162	323,6	218	424,4
— 6	21,2	51	123,8	107	224,6	163	325,4	219	426,2
— 5	23,0	52	125,6	108	226,4	164	327,2	220	428,0
— 4	24,8	53	127,4	109	228,2	165	329,0	221	429,8
— 3	26,6	54	129,2	110	230,0	166	330,8	222	431,6
— 2	28,4	55	131,0	111	231,8	167	332,6	223	433,4
— 1	30,2	56	132,8	112	233,6	168	334,4	224	435,2
0	32,0	57	134,6	113	235,4	169	336,2	225	437,0
+ 1	33,8	58	136,4	114	237,2	170	338,0	226	438,8
2	35,6	59	138,2	115	239,0	171	339,8	227	440,6

Umrechnungstabelle *[Fortsetzung]*.

°C	°F	°C	°F	°C	°F	°C	°F	°C	°F
3	37,4	60	140,0	116	240,8	172	341,6	228	442,4
4	39,2	61	141,8	117	242,6	173	343,4	229	444,2
5	41,0	62	143,6	118	244,4	174	345,2	230	446,0
6	42,8	63	145,4	119	246,2	175	347,0	231	447,8
7	44,6	64	147,2	120	248,0	176	348,8	232	449,6
8	46,4	65	149,0	121	249,8	177	350,6	233	451,4
9	48,2	66	150,8	122	251,6	178	352,4	234	453,2
10	50,0	67	152,6	123	253,4	179	354,2	235	455,0
11	51,8	68	154,4	124	255,2	180	356,0	236	456,8
12	53,6	69	156,2	125	257,0	181	357,8	237	458,6
13	55,4	70	158,0	126	258,8	182	359,6	238	460,4
14	57,2	71	159,8	127	260,6	183	361,4	239	462,2
15	59,0	72	161,6	128	262,4	184	363,2	240	464,0
16	60,8	73	163,4	129	264,2	185	365,0	241	465,8
17	62,6	74	165,2	130	266,0	186	366,8	242	467,6
18	64,4	75	167,0	131	267,8	187	368,6	243	469,4
19	66,2	76	168,8	132	269,6	188	370,4	244	471,2
20	68,0	77	170,6	133	271,4	189	372,2	245	473,0
21	69,8	78	172,4	134	273,2	190	374,0	246	474,8
22	71,6	79	174,2	135	275,0	191	375,8	247	476,6
23	73,4	80	176,0	136	276,8	192	377,6	248	478,4
24	75,2	81	177,8	137	278,6	193	379,4	249	480,2
25	77,0	82	179,6	138	280,4	194	381,2	250	482,0
26	78,8								

17. Abhängigkeit von Druck (in atü) und Temperatur (in °C und °F) bei gesättigtem Wasserdampf.

Druck (atü)	Temperatur (°C)	Temperatur (°F)
0,5	111,7	232,3
1,0	120,6	247,8
1,5	127,8	262,0
2,0	133,9	272,7

Abhängigkeit von Druck (in lbs/sq.in.) und Temperatur (in °C und °F) bei gesättigtem Wasserdampf.

Druck (lbs/sq.in.)	Temperatur (°C)	Temperatur (°F)
0	100,0	212,0
1	102,3	215,4
5	108,8	227,1
10	115,6	239,4
15	121,3	249,8
20	126,2	258,8
25	131,0	266,7
30	134,0	274,1

18. Umrechnungstabellen verschiedener Maße.

Kilogramm (kg)	Gramm (g)	Milligramm (mg)	Mikrogramm (μg, γ)
1	1000	1×10^6	1×10^9
0,001	1	1000	1×10^6
1×10^{-6}	0,001	1	1000
1×10^{-9}	1×10^{-6}	0,001	1

Zentimer (cm)	Millimeter (mm)	Mikron (μ)	Millimikron (mμ)	Ångström (Å)	Inch (in)
1,0	10	10^4	10^7	10^8	0,3937
0,1	1,0	1000	10^6	10^7	0,03937
10^{-4}	0,001	1,0	1000	10^4	$3,937 \times 10^{-5}$
10^{-7}	10^{-6}	0,001	1,0	10,0	$3,937 \times 10^{-8}$
10^{-8}	10^{-7}	10^{-4}	0,1	1,0	$3,937 \times 10^{-9}$
2,54001	25,4001	$2,54001 \times 10^4$	$2,54001 \times 10^7$	$2,54001 \times 10^8$	1,0

Liter (l)	Milliliter (ml)
1	1000
0,001	1

B. Spezielle Methoden.

1. Die Rickettsiosen.

Die Rickettsien sind pleomorphe, bakterienähnliche Mikroorganismen. Sie sind gramnegativ. Die meisten Rickettsienarten werden durch Arthropoden übertragen. Die Rickettsien vermehren sich nur in Gegenwart lebender Zellen, sie gleichen hierin den Viren und unterscheiden sich dadurch von den Bakterien.

a) Das Fleckfieber.

Im Jahre 1909 gelang es NICOLLE und Mitarbeitern Affen und Meerschweinchen mit dem Blut Fleckfieberkranker zu infizieren und den Beweis zu erbringen, daß die Kleiderlaus der Überträger des Erregers ist. In den Magenzellen infizierter Läuse konnte DA ROCHA LIMA 1915 die Rickettsien färberisch darstellen. WEIL und FELIX fanden 1916, daß das Serum Fleckfieberkranker einen Proteusstamm agglutiniert. Die Züchtung der Rickettsien im Dottersack des bebrüteten Hühnereies, die es erlaubt, Rickettsien in größeren Mengen zu gewinnen, beschrieb Cox im Jahre 1938.

Stammverschiedenheiten.

Die verschiedenen bei Fleckfieber isolierten Stämme sind in ihrer antigenen Struktur identisch.

Klinisches Krankheitsbild.

Die klinische Abgrenzung der Fleckfiebererkrankung gegenüber anderen Infektionen mit kontinuierlichem Fieber ist oft unmöglich.

Untersuchungsmaterial für die Laboratoriumsdiagnose.

1. *Erregernachweis:* In dem Blut, das während der ersten 4—6 Krankheitstage entnommen wird, können die Rickettsien durch den Tierversuch nachgewiesen werden. Der Nachweis der Rickettsien gelingt auch in infizierten Kleiderläusen. Diese werden in physiologischer Kochsalzlösung gewaschen, im Mörser zerrieben und in wenig Kochsalzlösung suspendiert. Mit der Suspension werden Meerschweinchen geimpft.

2. *Serologische Diagnose:* Es stehen mehrere serologische Methoden zur Verfügung: die Agglutination des Proteus X 19-Stammes, die Komplementbindungsreaktion und die Rickettsienagglutination.

Isolierung der Rickettsien.

Meerschweinchen sind für eine Infektion mit der Rickettsia prowazekii sehr empfänglich. Da die Rickettsien im Blut Fleckfieberkranker nur in geringer Zahl vorhanden sind, muß den Versuchstieren relativ viel Blut injiziert werden. Mindestens 3 Tiere mit einem Gewicht von 400—500 g werden mit je 5 ml des frisch entnommenen, ungeronnenen Krankenblutes infiziert. Ist die direkte Übertragung des Blutes nicht möglich, so werden dem Patienten 30 ml Blut entnommen. Nachdem das Blut geronnen ist, wird das Serum abpipettiert und verworfen. Der Blutkuchen wird mit gewaschenem, sterilem Seesand („Merck") in einem Mörser in etwa 15 ml physiologischer Kochsalzlösung zerrieben. Nach kurzem Zentrifugieren, um gröbere Partikel niederzuschlagen, wird den Meerschweinchen je 5 ml der Aufschwemmung intraperitoneal injiziert. Die Temperatur der Tiere wird täglich rectal gemessen. Es kommt meist nach einer Inkubationszeit von 12—20 Tagen zu einer Temperatursteigerung über 39,5—40° C, die etwa 3—6 Tage bestehen bleibt. Die Tiere zeigen keine anderen Krankheitssymptome. Gelegentlich fehlt der Temperaturanstieg und die Infektion verläuft latent. Tritt kein Fieber auf, so werden 2 Tiere zwischen dem 16. und 20. Tag getötet und je 2 ml Blut und 1—2 ml einer 10%igen Gehirnsuspension 3 weiteren Tieren intraperitoneal injiziert. Ein Tier wird etwa 4 Wochen gehalten und mit einem bekannten Stamm auf eine etwa vorhandene Immunität geprüft oder das Serum auf komplementbindende Antikörper untersucht.

Tritt eine Temperatursteigerung über 40° C ein, so werden die Tiere am 3. Fiebertag getötet. Das Gehirn wird steril entnommen und in physiologischer Kochsalzlösung eine 10%ige Suspension hergestellt. Drei Meerschweinchen werden mit 1—2 ml der Hirnsuspension intraperitoneal infiziert. Die einzige makroskopische Veränderung bei der Sektion der Tiere ist eine leicht vergrößerte Milz, oft mit einem fibrinösen Exsudat. Bei an Meerschweinchen adaptierten Stämmen verkürzt sich die Inkubationszeit auf 7—10 Tage.

Die Züchtung der Rickettsia prowazekii gelingt leicht im Dottersack des bebrüteten Hühnereies, doch ist für die Isolierung eines Stammes das Meerschweinchen oft geeigneter. 5—7 Tage vorbebrütete Eier werden mit 0,5 ml einer 10%igen Suspension infizierten Meerschweinchengehirns in den Dottersack geimpft. Die Eier werden 7—8 Tage bei 35° C nachbebrütet, geöffnet und vom Dottersack Ausstrichpräparate angefertigt. In den ersten Dottersackpassagen sind meist keine oder nur wenige Rickettsien färberisch nachweisbar, dagegen zahlreich nach einigen weiteren Passagen.

Mäuse können mit der Hirnsuspension infizierter Meerschweinchen intranasal geimpft werden. Die Infektion verläuft meist tödlich und Tupfpräparate zeigen zahlreiche Rickettsien.

Rickettsienhaltiges Material kann jahrelang ohne Aktivitätseinbuße bei —70° C gehalten werden, wenn es in entrahmter Milch aufgeschwemmt wird.

Identifizierung der Rickettsia prowazekii.

Nach Adaptation der Rickettsien an den Dottersack können sie im Ausstrichpräparat durch die GIEMSA-Färbung nachgewiesen werden.

Infizierte Meerschweinchen, die mit Fieber erkrankt sind, werden 4 Wochen nach der Infektion mit einem bekannten Stamm intraperitoneal reinfiziert. Gegenüber den Kontrollen muß bei diesen Tieren die Temperatursteigerung ausbleiben. Die Immunität erstreckt sich auch auf die Rickettsia mooseri, dagegen nicht auf die Rickettsia burnetii.

Das Serum immuner Meerschweinchen enthält komplementbindende und agglutinierende Antikörper gegen die Rickettsia prowazekii. Es gibt dagegen keine Agglutination mit dem Proteus X 19-Stamm.

Serologische Diagnose durch den Nachweis spezifischer Antikörper.

Trotz der Entwicklung spezifischer serologischer Methoden hat die Weil-Felix-Reaktion, besonders innerhalb von Epidemien, nicht an Bedeutung verloren. Bei der Aufklärung von Einzelfällen dagegen müssen die spezifischen Reaktionen unbedingt herangezogen werden. Der Proteus X 19-Stamm steht in keiner ätiologischen Beziehung zum Fleckfieber. Gemeinsame antigene Faktoren der Rickettsia prowazekii mit dem Proteus X 19-Stamm bedingen die Reaktion. Für die WEIL-FELIX-

Reaktion sind verschiedene Techniken entwickelt worden. Es kann eine lebende Kultur oder eine durch Wärme abgetötete und mit Phenol versetzte Bakteriensuspension verwendet werden. Letztere kann leicht in größeren Mengen hergestellt werden und bleibt, bei $+4^0$C aufbewahrt, lange Zeit stabil. Bei günstigen Laboratoriumsverhältnissen wird vorteilhafter mit lebenden Kulturen gearbeitet. Die WEIL-FELIX-Reaktion kann als Objektträger- oder Röhrchenmethode durchgeführt werden. Letztere gibt zuverlässigere Werte. Wesentlich ist die Auswahl des Proteus X 19-Stammes; es soll nur eine reine 0-Variante dieses Stammes zur Herstellung der Suspension verwendet werden.

Schrägagarröhrchen werden mit dem OX 19-Stamm beimpft und das Wachstum nach 18—24 Std Brutschrankaufenthalt bei 37^0 C mit 0,85%iger Kochsalzlösung abgeschwemmt. Zu je 0,5 ml fallender Serumverdünnungen werden 0,5 ml der Suspension zugegeben und die Röhrchen 2 Std im Wasserbad bei 37^0 C, dann 16—18 Std bei $+4^0$ C gehalten. Zeigt sich eine Agglutination, so ist die überstehende Flüssigkeit klar, die groben weißen Partikel, die sich am Boden abgesetzt haben, bestehen aus körnigen Agglomeraten der Proteusbacillen, die gut sichtbar werden, wenn das Röhrchen leicht aufgeschüttelt wird.

Die WEIL-FELIX-Reaktion erlaubt keine Unterscheidung zwischen klassischem und murinem Fleckfieber.

Zur Komplementbindungsreaktion wird als Antigen eine infizierte Dottersackaufschwemmung verwendet. Verschiedene Rickettsienarten besitzen eine gruppenspezifische, hitzestabile, lösliche Antigenkomponente und eine spezifische hitzelabile Komponente. Die gruppenspezifische Komponente ist der Rickettsia prowazekii und der Rickettsia mooseri gemeinsam. Durch wiederholtes Waschen der Rickettsiensuspension kann die lösliche Komponente weitgehend entfernt werden. Derartige spezifische Antigene sind von PLOTZ entwickelt worden. Diese haben jedoch nur dort Bedeutung, wo eine Unterscheidung zwischen klassischem und murinem Fleckfieber erforderlich ist. Die Herstellung der Antigene nach BENGTSON ist einfacher und sie sind überall dort verwendbar, wo nur klassisches Fleckfieber vorkommt.

Zur Rickettsienagglutination wird eine Aufschwemmung, die aus dem infizierten Dottersack oder aus infizierten Mäuselungen gewonnen wird, verwendet.

Die komplementbindenden Antikörper bilden sich wie die agglutinierenden Antikörper gegen den Proteus X 19-Stamm in der späten febrilen Krankheitsphase. Während letztere ungefähr 3 Monate nach Krankheitsbeginn schwinden, bleiben die komplementbindenden Antikörper länger nachweisbar und sind daher geeignet, weiter zurückliegende Infektionen zu klären. Die Agglutinine gegen Rickettsien bilden sich schon, bevor mit der Komplementbindungsreaktion und der Weil-Felix-Reaktion Antikörper nachgewiesen werden können. Bei fieberhaften Erkrankungen, die nicht durch die Rickettsia prowazekii verursacht werden, zeigt die Rickettsienagglutination keinen Titeranstieg, auch nicht bei Personen, die mit Fleckfiebervaccine geimpft worden sind.

Literatur.

Bengtson, I. A.: Complement fixation in rickettsial diseases. Publ. Health Rep. **59**, 402 (1944).

Cox, H. R.: Use of yolk sac of developing chick embryo as medium for growing rickettsiae of Rocky Mountain spotted fever and typhus groups. Publ. Health Rep. **53**, 2241 (1938).

Eyer, H., u. H. Dillenberg: Die Serodiagnostik des Fleckfiebers. Z. Hyg. **125**, 308 (1943).

Gildemeister, E., u. E. Haagen: Fleckfieberstudien. Zbl. Bakter. I Orig. **148**, 257 (1942). — Gildemeister, E., u. H. Peter: Fleckfieberstudien. Zbl. Bakter. I Orig. **149**, 425 (1943).

Nicolle, C.: Reproduction expérimentale du typhus exenthématique chez le singe. C. r. Acad. Sci. **149**, 157 (1909). — Nicolle, C., C. Comte et E. Conseil: Transmission expérimentale du typhus exenthématique par le pou du corps. C. r. Acad. Sci. **149**, 486 (1909).

Pinkerton, H.: Laboratory procedures for the isolation and identification of the pathogenic rickettsiae, in „Rickettsial Diseases of Man". Amer. Assoc. for the Advancement of Science, Washington, D.C. 1948. — Plotz, H., B. L. Bennett, K. Wertman, M. J. Snyder and R. Gauld: Serologic pattern in typhus fever. Amer. J. Hyg. **47**, 150 (1948).

Rocha-Lima, da: Handbuch der pathogenen Mikroorganismen, Bd. 8. 1930.

Smadel, J. E.: Complement fixation and agglutination reactions in rickettsial diseases. In „Rickettsial Diseases of Man". 1948.

Weil, E., u. H. Felix: Zur serologischen Diagnose des Fleckfiebers. Wien. klin. Wschr. **1916**, Nr. 33, 974. — Wertman, K.: The Weil-Felix-Reaction. In „Rickettsial Diseases of Man". 1948.

b) Das Q-Fieber.

Derrick beschrieb im Jahre 1937 die bei Schlachthofarbeitern in Queensland (Australien) aufgetretene Erkrankung. Tierexperimentelle Untersuchungen wurden von Burnet und Freeman durchgeführt. Davis und Cox sowie Dyer berichteten 1938 über eine Rickettsienart, die aus Zecken (Dermacentor andersoni) in der Nähe der „Nine Mile Creek" im Staate Montana, USA. im Jahre 1935 isoliert worden war und eine Laboratoriumsinfektion verursacht hatte. Dyer wies auf die Verwandtschaft des australischen und amerikanischen Stammes hin. In Europa wurde die Erkrankung zuerst 1941 bei deutschen Soldaten auf dem Balkan von Dennig beobachtet. Imhäuser und Herzberg gelang der Nachweis des Erregers bei dieser während des Krieges als Balkangrippe bezeichneten Erkrankung. Es wurde später festgestellt, daß die auf dem Balkan isolierten Stämme in ihrer Antigenstruktur mit den australischen und amerikanischen Stämmen identisch sind.

Der Q-Fiebererreger unterscheidet sich von der Rickettsia prowazekii. Während diese ein Berkefeld W-Filter nicht passiert, ist der Q-Fiebererreger sowohl durch ein Berkefeld W- als auch durch ein N-Filter filtrabel, nicht dagegen durch ein Seitz EK-Filter (filtrable Formen). Es bestehen keine gemeinsamen Antigenfaktoren zu irgendeinem Proteusstamm. Aus diesen Gründen ist der Q-Fiebererreger als Genus coxiella vom Genus rickettsia abgetrennt worden (BERGEY). Der Q-Fiebererreger weist eine große Resistenz gegenüber chemischen und physikalischen Einwirkungen auf.

Stammverschiedenheiten.

Die verschiedenen isolierten Stämme sind in ihrer Antigenstruktur identisch, differieren jedoch in ihrer Tierpathogenität.

Klinisches Krankheitsbild.

Das Krankheitsbild ist nicht so charakteristisch, daß eine klinische Diagnose möglich ist.

Untersuchungsmaterial für die Laboratoriumsdiagnose.

1. Erregernachweis. In dem Blut, das während der ersten Krankheitstage entnommen wird, können die Rickettsien durch den Tierversuch nachgewiesen werden. Sputum wird mit entsprechendem Penicillin- und Streptomycinzusatz in 10%iger Bouillon aufgeschwemmt. Die Rickettsien sind auch im Urin und Liquor Erkrankter und in Kuh- und Ziegenmilch nachgewiesen worden.

2. Serologische Diagnose. Blut aus der akuten Krankheitsphase und der Rekonvaleszenz wird mittels der Komplementbindungsreaktion oder der Rickettsienagglutination auf ein Ansteigen des Antikörpergehaltes geprüft.

Isolierung der Rickettsien.

Meerschweinchen sind für die Rickettsia burnetii sehr empfänglich. Es eignen sich Tiere mit einem Gewicht von 400—500 g. Vor der Verimpfung soll bei den Tieren etwa 1 Woche lang zur gleichen Tageszeit, am besten morgens vor dem Füttern die Temperatur gemessen werden. Die normale rectale Temperatur des Meerschweinchens kann bis zu 40° C betragen.

Es ist am besten, das Krankenblut sofort nach der Entnahme den Tieren zu injizieren. Es werden 3 Meerschweinchen je 5 ml Blut intraperitoneal verimpft. Es können auch 30 ml Blut von dem Patienten entnommen werden; nachdem das Blut geronnen ist, wird das Serum abpipettiert und der Blutkuchen mit gewaschenem sterilem Seesand

(,,Merck") in einem Mörser in etwa 15 ml physiologischer Kochsalzlösung zerrieben. Jedes Meerschweinchen erhält 5 ml der Aufschwemmung intraperitoneal injiziert. Die Tiere werden täglich gemessen. Nach einer Inkubationszeit von 6—12 Tagen kommt es zu einer Temperatursteigerung, die etwa 2—8 Tage anhält. Die Tiere zeigen meist sonst keine weiteren Krankheitserscheinungen. Bei der Sektion wird eine vergrößerte Milz, vergrößerte Inguinal- und Mesenteriallymphknoten und oft ein fibrinöses Exsudat in der Bauchhöhle gefunden. Die Tiere sind streng isoliert zu halten, da sie die Rickettsien mit dem Urin ausscheiden können.

Zur Passage des Stammes werden die Tiere am 2. oder 3. Fiebertag getötet, und Blut sowie eine 10%ige Milzaufschwemmung in physiologischer Kochsalzlösung weiteren Meerschweinchen intraperitoneal injiziert. Die Inkubationszeit verkürzt sich im Verlauf der Passagen.

Mäuse sind ebenfalls für die Rickettsia burnetii sehr empfänglich. Die Mäuse erhalten 0,5 ml der 10%igen Meerschweinchenmilzsuspension intraperitoneal injiziert. Die infizierten Mäuse zeigen bei der Sektion eine vergrößerte Milz, in der sich die Rickettsien, die oft in Vacuolen liegen, im Tupfpräparat nachweisen lassen.

Auch der Dottersack des bebrüteten Hühnereies eignet sich zur Züchtung. 5—6 Tage vorbebrütete Eier werden mit 0,5 ml der 10%igen Milzemulsion in den Dottersack geimpft. Die Eier werden 4—5 Tage bei 35° C nachbebrütet, geöffnet und vom Dottersack Ausstrichpräparate angefertigt. In den ersten Passagen können meist keine oder nur wenige Rickettsien nachgewiesen werden. Die Dottersackpassagen werden so durchgeführt, daß ein Dottersack in etwa 10—20 ml physiologischer Kochsalzlösung zerrieben wird und von der Suspension wiederum 0,5 ml in den Dottersack 5—6 Tage vorbebrüteter Eier verimpft wird. Meist gelingt es nach einigen Passagen, zahlreiche Rickettsien im Ausstrichpräparat nachzuweisen.

Identifizierung der Rickettsia burnetii.

Die Identifizierung beruht einmal auf dem Rickettsiennachweis, der in der Meerschweinchenmilz oft schwierig ist, in der Hamster- und Mäusemilz und im Dottersack dagegen relativ leicht gelingt. Die Tupfpräparate werden nach GIEMSA und CASTANEDA gefärbt.

Zur spezifischen Diagnose werden Meerschweinchen, die mit Temperaturanstieg erkrankt sind, etwa 4 Wochen später mit einem bekannten Q-Fieberstamm intraperitoneal reinfiziert. Diese Tiere dürfen im Gegensatz zu den Kontrollen keine Temperatursteigerung zeigen. Die Immunität erstreckt sich nur auf die Rickettsia burnetii, nicht auf andere Rickettsienarten.

Im Blut rekonvaleszenter Meerschweinchen finden sich komplementbindende und rickettsienagglutinierende Antikörper, die ebenfalls zur Identifizierung eines Stammes dienen können.

Rickettsien in infizierten Geweben, die in 50%igem Glycerin bei $+4^0$ C gehalten werden, zeigen jahrelang unveränderte Virulenz.

Serologische Diagnose durch den Nachweis spezifischer Antikörper.

Das Serum aus der akuten Krankheitsphase und der Rekonvaleszenz wird auf ein Ansteigen des Antikörpergehaltes mittels der Komplementbindungsreaktion oder der Rickettsienagglutination geprüft.

Das Antigen wird aus infizierten Dottersäcken gewonnen. Die Wahl des Stammes ist bei der Antigenherstellung ausschlaggebend. Obwohl die Antigenstruktur der einzelnen Stämme nicht unterschiedlich ist, scheinen die einzelnen, die Antigenstruktur bedingenden Faktoren bei den verschiedenen Stämmen quantitativ zu differieren. Gute Antigene können mit dem Stamm „Henzerling" und dem „Nine-Mile"-Stamm hergestellt werden. Die Komplementbindungsreaktion ist spezifisch, es besteht keine Kreuzreaktion mit anderen Rickettsienarten. Komplementbindende Antikörper bilden sich in der 2. Krankheitswoche und erreichen ihr Maximum in der 3.—4. Krankheitswoche.

Literatur.

BIELING, R.: Die Balkangrippe, das Q-Fieber der alten Welt. Leipzig: Johann Ambrosius Barth 1950. — BURNET, F. M., and M. FREEMAN: Experimental studies on the virus of "Q"-fever. Med. J. Austral. 2, 299 (1937).

DAVIS, G. E., and H. R. COX: A filter-passing infectious agent isolated from ticks. I. Isolation from Dermacentor andersoni, reactions in animals, and filtration experiments. Publ. Health Rep. 53, 2259 (1938). — DERRICK, E. H.: "Q" fever, a new fever entity: clinical features, diagnosis and laboratory investigation. Med. J. Austral. 2, 281 (1937). — DYER, R. E.: A filter passing infectious agent isolated from ticks. IV. Human infection. Publ. Health Rep. 53, 2277 (1938). — Similarity of Australian "Q" fever and a disease caused by an infectious agent isolated from ticks in Montana. Publ. Health Rep. 54, 1229 (1939).

GERMER, W. D., u. F. HENI: Die Komplementbindungsreaktion bei Q-Fieber. Z. Hyg. 130, 166 (1949).

HERZBERG, K.: Epidemische Bronchopneumonie des Menschen; Kultur und Darstellung des Erregers. Zbl. Bakter. I Orig. 152, 1 (1947). — HERZBERG, K., H. HERZBERG-KREMMER u. H. URBACH: Weitere Befunde zur Morphologie und Diagnostik des Q-Fieber-Erregers. Zbl. Bakter. I Orig. 156, 14 (1950). — HERZBERG, K., u. H. URBACH: Untersuchungen mit europäischen Q-Fieber-Antigenen. Z. Immunforsch. 108, 376, 459 (1951). — Untersuchungen mit europäischen Q-Fieber-Antigenen. Z. Immunforsch. 109, 159 (1952).

KIKUTH, W., u. M. BOCK: 23 Fälle von Laborinfektionen mit Q-Fieber. Med. Klin. 1949, 1056.

LILLIE, R. D.: Pathologic histology in guinea pigs following intraperitoneal inoculation with the virus of Q-fever. Publ. Health Rep. 57, 296 (1942).

PINKERTON, H.: Laboratory Procedures for the isolation and identification of the pathogenic rickettsiae. In „Rickettsial Diseases of Man". Amer. Assoc. for the Advancement of Science, Washington D.C. 1948.
The commission on acute respiratory diseases, Fort Bragg, North Carolina: Q-fever (a series of papers dealing with Q-fever). Amer. J. Hyg. **44**, 1, 88, 103, 110, 123 (1946). — TOPPING, N. H., and C. C. SHEPARD: The preparation of antigens from yolk sacs infected with rickettsiae. Publ. Health Rep. **61**, 701 (1946).

2. Die Lymphogranuloma inguinale-Psittakose-Gruppe.

Den Viren dieser Gruppe kommt eine Sonderstellung zu, die sie von den Rickettsien und den anderen Virusarten abgrenzt. Die wesentlichsten biologischen Merkmale sind ihr charakteristischer Entwicklungszyklus sowie ihre Beeinflussung durch Sulfonamide und Antibiotica (Aureomycin, Terramycin, Penicillin).

a) Lymphogranulama inguinale.

DURAND, NICOLAS und FAVRE beschrieben 1913 das Krankheitsbild, das sie irrtümlich der HODGKINschen Krankheit zuordneten. FREI gab im Jahre 1925 eine Intracutanreaktion mit hitzeinaktiviertem Buboneneiter an, die erstmalig eine spezifische Diagnose ermöglichte. Die Übertragung des Virus auf Affen gelang 1929 HELLERSTRÖM und WASSÉN; sie konnten ebenfalls eine experimentelle Infektion des Menschen durch Buboneneiter erzeugen. LEVADITI und Mitarbeiter wiesen 1932 auf die Empfänglichkeit der Maus für das Virus hin. MIYAGAWA und Mitarbeiter beschrieben 1935 die Elementarkörperchen. Die Züchtung des Virus im Dottersack des bebrüteten Hühnereies gelang RAKE. Hierdurch war es möglich, ein geeignetes Antigen in ausreichender Menge für die Komplementbindungsreaktion und die Intracutanreaktion herzustellen.

Stammverschiedenheiten.

Es bestehen Unterschiede in der Virulenz und Tierpathogenität der verschiedenen Stämme.

Klinisches Krankheitsbild.

Natürliche Infektionen kommen nur beim Menschen vor.
1. Lokale Läsionen: Primäraffekt-Bubo.
2. Allgemeininfektion: Fieber, Exanthem, Arthritis, Pneumonie, Meningoencephalitis.
3. Latente Infektion.

Untersuchungsmaterial für die Laboratoriumsdiagnose.

1. *Erregernachweis:* Buboneneiter, excidierte Lymphknoten. Bei den seltenen Fällen von Meningoencephalitis ist das Virus im Liquor nachgewiesen worden.

2. *Serologische Diagnose:* Die serologische Diagnose wird mittels der Komplementbindungsreaktion gestellt.

Isolierung des Virus.

Mitunter können im Buboneneiter die Elementarkörperchen färberisch nachgewiesen werden.

Da die verschiedenen Stämme eine unterschiedliche Tierpathogenität besitzen, ist die Isolierung mancher Stämme durch intracerebrale Verimpfung des Untersuchungsmaterials auf Mäuse möglich, während bei anderen die Isolierung nur durch intracerebrale Verimpfung auf Affen gelingt. Es kann versucht werden, das Virus durch Verimpfung des Materials in den Dottersack des bebrüteten Hühnereies zu isolieren, jedoch ist die intracerebrale Verimpfung auf Affen und Mäuse aussichtsreicher.

Nichtsteriles Untersuchungsmaterial kann mit Streptomycin versetzt werden.

Der Rhesusaffe ist für das Virus weniger empfänglich als der M. cynomolgus, junge Tiere sind besonders geeignet. Die Affen zeigen ein meningoencephalitisches Syndrom, die Infektion kann jedoch auch klinisch latent verlaufen.

Die mit dem Untersuchungsmaterial intracerebral geimpften Mäuse werden etwa 14—21 Tage beobachtet. Das Krankheitsbild der Maus ist uncharakteristisch; oft zeigen die Tiere nur ein struppiges Fell, sonst keine weiteren Erscheinungen. Durch fortlaufende Mäusepassagen wird die Pathogenität des Stammes gesteigert. Erkranken Tiere, so werden von den Meningen und der Hirnrinde Klatschpräparate angefertigt und auf Elementarkörperchen untersucht. Diese sind oft spärlich und unregelmäßig verteilt. Es sollen 2—3 Mäusepassagen durchgeführt werden, ehe eine Untersuchungsprobe als negativ gewertet wird. Das an die Maus adaptierte Virus kann in den Dottersack des bebrüteten Hühnereies verimpft werden. Sechs Tage vorbebrütete Eier werden mit der Hirnsuspension beimpft und 5—7 Tage nachbebrütet. Die Eier werden nach dem 3. Tag täglich 2mal durchleuchtet und von den Dottersäcken der abgestorbenen Embryonen Ausstrichpräparate angefertigt und auf Elementarkörperchen untersucht. Es sind oft 6—8 Dottersackpassagen erforderlich, um regelmäßig Elementarkörperchen nachweisen zu können. Im Gegensatz zu dem Psittakosevirus vermehrt sich das Lymphogranuloma inguinale-Virus nicht in der Allantoishöhle des bebrüteten Hühnereies.

Das Virus bleibt als Dottersack- oder Hirnsuspension bei — 70° C mindestens 1 Jahr virulent.

Identifizierung des Virus.

Die Elementarkörperchen sind für die Lymphogranuloma inguinale-Psittakose-Gruppe charakteristisch. Während das Psittakosevirus für Mäuse bei intraperitonealer Verimpfung virulent ist, ruft das Lymphogranuloma inguinale-Virus nur eine Infektion bei intracerebraler Verimpfung hervor. Mäuse, die gegen den unbekannten Stamm immun sind, können mit einem bekannten Stamm reinfiziert werden.

Serologische Diagnose durch den Nachweis spezifischer Antikörper.

Als Antigen für die Komplementbindungsreaktion wird eine virusinfizierte Dottersackaufschwemmung verwendet, die nach den Angaben von NIGG und Mitarbeitern mit Phenol versetzt und auf 100^0 C erhitzt werden kann. Als Kontrollantigen wird eine auf gleiche Weise vorbehandelte nichtinfizierte Dottersacksuspension verwendet. Unspezifische Reaktionen können leicht ausgeschlossen werden, da solche Sera auch mit dem Kontrollantigen eine positive Reaktion geben.

Als Antigen für den intracutanen Hauttest wird ebenfalls eine virusinfizierte Dottersacksuspension mit entsprechend hergestelltem Kontrollantigen verwendet.

Die Komplementbindungsreaktion wird eher positiv als die FREI-Reaktion, sie ist für die Psittakose-Lymphogranuloma inguinale-Gruppe spezifisch.

Literatur.

BEDSON, S. P., C. F. BARWELL, E. J. KING and L. W. J. BISHOP: The laboratory diagnosis of lymphogranuloma venereum. J. Clin. Path. **2**, 241 (1949).

DURAND, M., J. NICOLAS et M. FAVRE: Lymphogranulomatose inguinale subaiguë d'origine génitale probable, peut-être vénérienne. Bull. Soc. méd. Hôp. Paris **35**, 274 (1913).

FREI, W.: Eine neue Hautreaktion bei Lymphogranuloma inguinale. Klin. Wschr. **1925**, 2148.

HELLERSTRÖM, S., u. E. WASSÉN: Meningo-encephalitische Veränderungen bei Affen nach intracerebraler Impfung mit Lymphogranuloma inguinale. Verh. 8. Internat. Kongr. Dermat. u. Syph. Kopenhagen, 1930. — HERZBERG, K., u. L. O. KOBLMÜLLER: Über den Erreger der klimatischen Bubonen. Klin. Wschr. **1937**, 1173.

KOTEEN, H.: Lymphogranuloma venereum. Medicine **24**, 1 (1945).

LEVADITI, C., P. RAVANT, P. LÉPINE et R. SCHOEN: Sur les propriétés d'un virus pathogène pour le singe, présent dans certain bubons vénériens de l'homme. C. r. Soc. Biol. Paris **106**, 729 (1931). — Étude étiologique et pathogénique de la maladie de Nicolas et Favre (lymphogranulomatose inguinale subaiguë, ulcère vénérien adénogène, poradénolymphite). Ann. Inst. Pasteur **48**, 27 (1932). — LEVADITI, J. C., P. LÉPINE, P. VINZENT et L. REINIÉ: Transmission directe de l'homme a la souris d'une souche de virus de la maladie de Nicolas et Favre (lymphogranuloma venereum). Ann. Inst. Pasteur **76**, 369 (1949).

MALAMOS, B.: Nachweis und Kultur des Erregers des Lymphogranuloma inguinale. 17. Tagg Dtsch. Ver.igg für Mikrobiol. Berlin 1937. — MIYAGAWA, Y.,

T. Mitamura, H. Yaoi, N. Ishii, H. Nakajima, J. Okanishi, S. Watanabe and K. Sato: Studies on the virus of Lymphogranuloma inguinale, Nicolas, Favre and Durand. Jap. J. of Exper. Med. 13, 1, 331, 723, 733, 739 (1935).

Nauck, E. G., u. B. Malamos: Über Erregerbefunde bei Lymphogranuloma inguinale. Arch. Schiffs- u. Tropenhyg. 41, 537 (1937). — Nigg, C., M. R. Hilleman and B. M. Bowser: Studies on lymphogranuloma venereum complement-fixing antigens. J. of Immun. 53, 259 (1946).

Rake, G., C. M. McKee and M. F. Shaffer: Agent of lymphogranuloma venereum in the yolk sac of the developing chick embryo. Proc. Soc. Exper. Biol. a. Med. 43, 332 (1940).

Sabin, A. B., and C. D. Aring: Meningoencephalitis in man caused by the virus of lymphogranuloma venereum. J. Amer. Med. Assoc. 120, 1376 (1942). — Shaffer, M. F., and G. R. Rake: Studies on lymphogranuloma venereum: evaluation of the complement fixation test with Lygranum. J. Labor. a. Clin. Med. 32, 1060 (1947).

Wall, M. J.: Isolation of the virus of lymphogranuloma venereum from twenty-eight patients; relative value of the use of chick embryos and mice. J. of Immun. 54, 59 (1946).

b) Psittakose.

Die Psittakose ist eine natürlich vorkommende Infektion bestimmter Vogelarten, die auf den Menschen übertragbar ist. Ritter beschrieb 1879 zuerst die menschliche Infektion. Eine größere Anzahl Psittakose-erkrankungen wurden auch in Deutschland während der Pandemie 1929/30 beobachtet. Elementarkörperchen wurden von Levinthal, Coles und Lillie unabhängig voneinander 1930 nachgewiesen.

Stammverschiedenheiten.

Die vorliegenden Untersuchungen erlauben keine Aussagen über Stammverschiedenheiten.

Klinisches Krankheitsbild.

Das Krankheitsbild ist nicht so charakteristisch, daß eine klinische Diagnose möglich ist. In manchen Fällen besteht kein direkter Kontakt mit Papageien oder Wellensittichen.

Untersuchungsmaterial für die Laboratoriumsdiagnose.

1. Erregernachweis. Blut soll möglichst früh, innerhalb der 1. Woche nach Krankheitsbeginn entnommen werden. Defibriniertes oder Citrat-blut ist geeignet. Bestehen Lungenerscheinungen, so sollen mehrere Sputumproben von aufeinanderfolgenden Tagen untersucht werden. Bei tödlich verlaufenden Fällen kann das Virus in Lunge und Milz nachgewiesen werden.

Bei erkrankten Vögeln ist das Virus aus Leber und Milz isoliert worden.

2. Serologische Diagnose. Der Antikörpernachweis kann durch die Komplementbindungsreaktion erbracht werden.

Isolierung des Virus.

Das Untersuchungsmaterial kann mit Streptomycin und Sulfonamiden versetzt werden und wird Mäusen intraperitoneal verimpft. Jedes Tier erhält 0,5 ml. Nach 5—15 Tagen zeigen die Tiere ein uncharakteristisches Krankheitsbild: struppiges rauhes Fell, seröse Conjunctivitis, Dyspnoe und meist ein fadenziehendes, fibrinöses Exsudat in der Bauchhöhle, das reichlich Elementarkörperchen enthält. Leber und Milz sind meist vergrößert. Die Mäuse können, auch ohne Krankheitserscheinungen zu zeigen, infiziert sein. Treten innerhalb 3 Wochen nach der Impfung keine Krankheitserscheinungen auf, so werden die Tiere getötet und von der Milz Klatschpräparate angefertigt, die, nach Castaneda gefärbt, auf Elementarkörperchen untersucht werden. Leber und Milz werden als 10%ige Suspension zerrieben und einer Gruppe von Tieren erneut intraperitoneal injiziert. Es sollen mindestens 3 Passagen durchgeführt werden, ehe eine Untersuchung als negativ angesehen wird. Jeder bis jetzt geprüfte Stamm war für Mäuse bei der intraperitonealen Impfung pathogen, obwohl manche Stämme keine klinische Erkrankung hervorriefen.

Laboratoriumsmäuse können mit Viren der Psittakosegruppe (Mäusebronchopneumonie) latent infiziert sein. Blindpassagen der Lunge sowie Leber und Milz ungeimpfter Mäuse sind als Kontrolle mitzuführen. Aus diesem Grund ist auch eine intranasale Verimpfung des Materials nicht ratsam, obwohl die Maus für diesen Infektionsweg sehr empfänglich ist. Das Mäuse-Bronchopneumonie-Virus ist morphologisch vom Psittakosevirus nicht zu unterscheiden, eine Infektion erfolgt mit diesem Virus jedoch nur auf intranasalem Weg.

Gleichzeitig soll das Untersuchungsmaterial in den Dottersack 6 Tage vorbebrüteter Hühnereier verimpft werden. Der Dottersack ist für das Psittakosevirus sehr empfänglich. Es sind oft mehrere Dottersackpassagen erforderlich, um regelmäßig zahlreiche Elementarkörperchen im Ausstrichpräparat nachweisen zu können.

An den Dottersack adaptiertes Virus kann an die Allantoishöhle adaptiert werden. Die Züchtung in der Allantoishöhle gibt eine relativ große Ausbeute wenig verunreinigter Elementarkörperchen.

Das Virus bleibt bei — 70⁰ C aufbewahrt, jahrelang virulent.

Identifizierung des Virus.

Die Elementarkörperchen können in Ausstrichpräparaten des Peritonealexsudates und des Dottersackes nachgewiesen werden. Das Psittakosevirus ist für Mäuse bei intraperitonealer Verimpfung virulent. Das Lymphogranuloma inguinale-Virus ruft dagegen nur bei intracerebraler Verimpfung eine Infektion hervor.

Serologische Diagnose durch den Nachweis spezifischer Antikörper.

Ein Ansteigen der Antikörper im Blut gibt wegen der engen antigenen Verwandtschaft nur einen Hinweis auf eine Infektion mit einem Virus der Lymphogranuloma inguinale-Psittakose-Gruppe.

Literatur.

FRANCIS, R. D., and F. B. GORDON: Cultivation of viruses of the psittacosis group in the allantoic cavity of chick embryos. Proc. Soc. Exper. Biol. a. Med. **59**, 270 (1945).

GERLACH, F.: Beobachtungen bei der in Österreich auftretenden Psittakose. Z. Hyg. **118**, 574 (1936). — Menschen als Psittakosevirusträger nach „stummer" Infektion mit Psittakosevirus. Z. Hyg. **118**, 708 (1936). — GÖNNERT, R.: Die Bronchopneumonie, eine neue Viruskrankheit der Maus. Zbl. Bakter. I Orig. **147**, 161 (1941).

HAAGEN, E., u. B. CRODEL: Die Züchtung des Psittakosevirus. Zbl. Bakter. I Orig. **138**, 20 (1937). — HAAGEN, E., u. G. MAUER: Über eine auf den Menschen übertragbare Viruskrankheit bei Sturmvögeln und ihre Beziehung zur Psittakose. Zbl. Bakter. I Orig. **143**, 81 (1938). — HEGLER, C.: Handbuch der inneren Medizin Bd. I, Infektionskrankheiten. Berlin: Springer 1934.

LEVINTHAL, W.: Die Ätiologie der Psittakosis. Klin. Wschr. **1930**, 654.

MEYER, K. F., and B. EDDIE: Human carrier of the psittacosis virus. J. Inf. Dis. 88, 109 (1951). — MOHS, H.: Die Psittakoseuntersuchungen für den Medizinalbezirk Leipzig. Zbl. Bakter. I Orig. **136**, 97 (1936). — MORGAN, H. R., and R. W. WISEMAN: Use of bacteriostatic agents in preparation of seed cultures of psittacosis virus. Proc. Soc. Exper. Biol. a. Med. **62**, 130 (1946).

RITTER, J.: Über Pneumotyphus, eine Hausepidemie in Uster. Dtsch. Arch. klin. Med. **25**, 53 (1879).

TORNACK, J. H.: Über den Nachweis von Psittakosevirus im histologischen Präparat und das Vorkommen von Einschlüssen in monunukleären Zellen von Milz und Leber psittakoseinfizierter Wellensittiche. Zbl. Bakter. I Orig. **146**, 313 (1941).

WILLIAMS, S. E.: The growth of psittacosis virus in the allantoic cavity of the developing egg. Austral J. Exper. Biol. a. Med. Sci. **22**, 205 (1944).

c) Die Einschlußkörperchenconjunctivitis (Schwimmbad-Conjunctivitis).

Obwohl das klinische Bild der Einschlußkörperchenconjunctivitis des Neugeborenen von der Schwimmbadconjunctivitis des Erwachsenen abweicht, ist erwiesen, daß beide durch das gleiche Virus bedingt sind.

Die Diagnose wird durch den Nachweis der Einschlußkörperchen in den abgeschabten Zellen des Conjunctivalsackes gestellt.

Das gleiche Virus verursacht auch eine Cervicitis bzw. Urethritis.

d) Die Katzenkratzkrankheit (benigne Lymphoreticulose).

Der Erreger der Katzenkratzkrankheit gehört wahrscheinlich zur Lymphogranuloma inguinale-Psittakose-Gruppe. Im Tierversuch sind nur Affen empfänglich; im infizierten Gewebe sind intra- und extracelluläre Elementarkörperchen, die denen der Psittakose entsprechen, gefunden worden.

Hitzeinaktivierte Suspension infizierter Lymphknoten bzw. Eiter wurden für den Hauttest verwendet.

Literatur.

MOLLARET, P., J. REILLY, R. BASTIN et P. TOURNIER: Documentation nouvelle sur l'adénopathie régionale subaiguë et spontanément curable décrite en 1950. La lymphoréticulose bénigne d'inoculation. Presse méd. 58, 1353 (1950). — La découverte du virus de la lymphoréticulose bénigne d'inoculation. Presse méd. 59, 681, 701 (1951).

3. Pocken-Vaccine.

GUARNIERI fand 1892 die nach ihm benannten Einschlußkörperchen in den Epithelzellen der mit Lymphe infizierten Kaninchencornea. Er nahm an, daß der Erreger ein Protozoon sei. PASCHEN, der im Jahre 1906 in Ausstrichen von Pockenefflorescenzen und Lymphe die Elementarkörperchen entdeckte, wies auf deren diagnostische Bedeutung hin. WOODRUFF, GOODPASTURE und BUDDINGH gelang zuerst die Züchtung des Vaccinevirus auf der Chorioallantoismembran des bebrüteten Hühnereies.

Stammverschiedenheiten.

Pockenvirus und Vaccinevirus sind serologisch nicht zu unterscheiden, sie haben aber ein unterschiedliches Wirtsspektrum. Das Pockenvirus kann in Tieren, mit Ausnahme von Affen, nicht passageweise gezüchtet werden. Nach intracutaner Infektion mit Pockenvirus bilden sich beim Affen typische lokalisierte Pockenefflorescenzen, nur gelegentlich kommt es zu einer Generalisation. Viele Tierarten sind dagegen für das Vaccinevirus empfänglich; Kaninchen, Kalb und Schaf sind für Laboratoriumsversuche wie zur Vaccineherstellung meist verwendet worden.

Das bei Variola minor isolierte Virus unterscheidet sich nicht von dem Virus der klassischen Pocken und ist nur für den Affen pathogen.

Klinisches Krankheitsbild.

Die Pockenerkrankung kann bei vaccinierten Personen so atypisch verlaufen, daß die klinische Diagnose auf Schwierigkeiten stößt.

Untersuchungsmaterial für die Laboratoriumsdiagnose.

1. Erregernachweis. Elementarkörperchen können in den Efflorescenzen des frühen Krankheitsstadiums (Papeln, Bläschen) gefunden werden. Die Isolierung des Pockenvirus gelingt aus den Papeln, Bläschen, Pusteln, sowie den Schorfen des Eruptionsstadiums. Das Virus ist im Rachenabstrich (Pockenefflorescenzen der Schleimhaut des weichen Gaumens) und im Blut, das während des Initialstadiums entnommen wurde, nachgewiesen worden.

2. Serologische Diagnose. Bläscheninhalt und Extrakte der Schorfe können als Antigen in der Komplementbindungsreaktion mit einem bekannten Immunserum angesetzt werden.

Das Blutserum Erkrankter kann mittels der Komplementbindungsreaktion auf Antikörper untersucht werden.

Nachweis der Elementarkörperchen.

Die Elementarkörperchen können nur in den frischen Papeln und Bläschen des frühen Eruptionsstadiums gefunden werden. Der Grund mehrerer Papeln oder Bläschen wird mit einer Skalpellspitze leicht abgeschabt, das Material auf mehrere saubere Objektträger dünn ausgestrichen und nach PASCHEN gefärbt. Zur Stellung der Diagnose müssen massenhaft Elementarkörperchen nachgewiesen werden. Die Elementarkörperchen sind bei Pocken und Vaccine nicht zu unterscheiden. Die Elementarkörperchen, die bei Varicellen gefunden werden, sind kleiner und liegen an der Grenze der lichtmikroskopischen Auflösung, sie werden auch nie in so großer Zahl angetroffen und färben sich schlecht mit der PASCHENschen Technik. Können keine Elementarkörperchen gefunden werden, so schließt dies die Diagnose der Pocken nicht aus.

Isolierung des Virus.

Die Chorioallantoismembran des bebrüteten Hühnereies ist für das Pocken- und Vaccinevirus sehr empfänglich und für den Virusnachweis geeigneter als die Kaninchencornea.

Der Inhalt der Bläschen und Pusteln wird in Capillarröhrchen aufgenommen; Papeln, Pusteln und Schorfe werden mit dem Messer abgeschabt und das Material bei Zimmertemperatur luftgetrocknet. Das Pocken- und Vaccinevirus ist sehr stabil und bleibt in dem eingetrockneten Material, wenn dieses bei $+4^0$ C aufbewahrt wird, monatelang virulent. Das Material wird in wenig physiologischer Kochsalzlösung, die 500 E Penicillin und 0,1 mg Streptomycin je Milliliter enthält, aufgeschwemmt und auf die Chorioallantoismembran verimpft.

Tupfer, mit denen Rachenabstriche angefertigt wurden, werden im Mörser in physiologischer Kochsalzlösung ausgewaschen.

Blut wird mit einer gleichen Menge destillierten Wassers hämolysiert und verimpft.

Die Eier werden 12—13 Tage vorbebrütet und dann auf die Chorioallantoismembran beimpft. Sie werden 3 Tage nachbebrütet, die Chorioallantoishaut entnommen und auf morphologische Veränderungen geprüft. Sind keine Veränderungen nachweisbar, so werden die

Membranen der einzelnen beimpften Eier zusammengegeben, in physiologischer Kochsalzlösung zerrieben, aufgeschwemmt und eine weitere Chorioallantoispassage durchgeführt. Es sollen immer 2 Passagen angesetzt werden, ehe das Untersuchungsmaterial als negativ gewertet wird.

Pocken- und Vaccinevirus bewirken gleiche Veränderungen der Chorioallantoismembran. Die Veränderungen, die das Herpesvirus verursacht, sind leicht abgrenzbar, Zoster- und Varicellenvirus vermehren sich nicht auf der Chorioallantoismembran des bebrüteten Hühnereies.

Identifizierung des Virus.

Eine Unterscheidung zwischen Pocken- und Vaccinevirus ist auf der Chorioallantoismembran nicht möglich, sie kann durch intracutane Kaninchenimpfung durchgeführt werden. Das auf der Chorioallantoismembran isolierte und adaptierte Virus wird in einer 1:100- bis 1:1000-Verdünnung der infizierten Chorioallantoismembran Kaninchen intracutan injiziert. Bei der ersten Verimpfung auf Kaninchen ist manchmal noch keine Unterscheidung möglich, da sich auch bei dem Pockenvirus eine Entzündung bilden kann. Wird dieses Material jedoch weiteren Kaninchen intracutan injiziert, so treten bei dem Pockenvirus keine Erscheinungen mehr auf, während sich bei dem Vaccinevirus typische Pusteleruptionen bilden, die auf weitere Kaninchen passierbar sind.

Serologische Diagnose.

Das Material von den Efflorescenzen (Bläschen- und Pustelinhalt, Papeln, Schorfe) kann als Antigen in der Komplementbindungsreaktion verwendet werden. Das eingetrocknete Material wird mehrere Stunden in 8,5%iger Kochsalzlösung maceriert, dann so viel Aqua dest. zugegeben, daß die NaCl-Konzentration 0,85% beträgt. Die Suspension wird hochtourig 20 min zentrifugiert, der Überstand stellt das Antigen dar. Durch die Behandlung mit einer 8,5%igen Kochsalzlösung wird das S (stabile) Antigen völlig extrahiert. Als Immunserum wird Kaninchenserum verwendet, das Antikörper gegen die S-Fraktion des Antigens aufweist. Material von Pocken- und Vaccineefflorescenzen bindet das Komplement in Gegenwart des spezifischen Immunserums.

Antikörper können in Patientenserum mit der Komplementbindungsreaktion nach der 1. Krankheitswoche nachgewiesen werden. Vaccinierte Personen zeigen etwa 6 Monate Antikörper im Blut. Als Antigen können mit Vaccinevirus infizierte Chorioallantoismembran, infizierte Kaninchenhoden, oder die Eruptionen der infizierten Kaninchenhaut verwendet werden. Die Komplementbindungsreaktion erlaubt keine Unterscheidung zwischen Pocken- und Vaccineinfektion.

Literatur.

CRAIGIE, J., and F. O. WISHART: The complement-fixation reaction in variola. Canad. J. Publ. Health **27**, 371 (1936).

DOWNIE, A. W.: The laboratory diagnosis of smallpox. Monthly Bull. Ministry Health a. Publ. Health Lab. Serv. **5**, 114 (1946). — DOWNIE, A. W., K. MC CARTHY and A. MACDONALD: Viraemie in smallpox. Lancet **1950**, 513.

EYER, H.: Vergleichende Untersuchungen über pathologisch-anatomische Veränderungen und das Vorkommen von PASCHENschen und GUARNIERIschen Körperchen in den Organen von Mäusen nach Infektion mit Variola-Vakzinevirus. Zbl. Bakter. I Orig., Beih. **140**, 172 (1937).

GUARNIERI, G.: Ricerche sulla patogenesi ed etiologia dell'infezione vaccinica e variolosa. Arch. Sci. med. **16**, 403 (1892).

HERZBERG, K.: Der Vorgang der Vakzinevermehrung in der Zelle. Zbl. Bakter. I Orig. **136**, 257 (1936). — Über die färberische Darstellung einiger Virusarten (Elementarkörperchen) unter besonderer Berücksichtigung der intracellulären Vermehrungsvorgänge. Klin. Wschr. **1936**, 1385.

IRONS, I. V., S. W. BOHLS, E. B. M. COOK and J. N. MURPHY: The chick membrane as a differential culture medium with suspected cases of smallpox and varicella. Amer. J. Hyg. **33**, 50 (1941).

KAISER, M., u. M. GHERARDINI: Über zwei Methoden zur Kontrastfärbung der GUARNIERIkörperchen. Zbl. Bakter. I Orig. **131**, 128 (1934). — KUNERT, H.: Die Züchtung des Variola-Vakzinevirus Stamm Berlin auf der Chorion-Allantois des Hühnerembryo. Z. Hyg. **117**, 216 (1935).

LEHMANN, W.: Über die Züchtung des Vaccinevirus auf der Chorion-Allantois-Membran des Hühnerembryos. Zbl. Bakter. I Orig. **132**, 447 (1934).

MacCALLUM, F. O.: Laboratory diagnosis of smallpox. J. Roy. Sanit. Inst. **72**, 112 (1952). — MacCALLUM, F. O., C. A. McPHERSON and D. F. JOHNSTONE: Laboratory investigation of smallpox patients with particular reference to infectivity in the early stages. Lancet **1950**, 514.

NAUCK, E. G., u. C. ROBINOW: Untersuchungen über GUARNIERIsche Körperchen in der Gewebekultur. Zbl. Bakter. I Orig. **135**, 437 (1935).

PASCHEN, E.: Was wissen wir über den Vaccineerreger? Münch. med. Wschr. **1906**, 2391. — Lehrbuch der Infektionskrankheiten von JOCHMANN-HEGLER. Berlin: Springer 1924. — PAUL, G.: Über Mischinfektionen auf der Kaninchenhornhaut bei der experimentellen Pockenepitheliose. Zbl. Bakter. I Orig. **80**, 361 (1918).

ROOYEN, C. E. VAN, and R. S. ILLINGWORTH: A laboratory test for diagnosis of smallpox. Brit. Med. J. **1944**, 526.

4. Tollwut.

Die Tollwut ist eine typische Zoonose, die nur gelegentlich auf den Menschen übertragen wird. Die Übertragbarkeit der Tollwut, ihre Verbreitung durch Hundebiß war schon länger bekannt, doch schufen erst die Untersuchungen PASTEURs und seiner Mitarbeiter die Grundlagen zu einem experimentellen Studium der Erkrankung.

PASTEUR fand, daß Hunde, die mit dem Hirn tollwütiger Hunde intracerebral geimpft wurden, nach einer Inkubationszeit von 1 bis 2 Wochen ebenfalls an Tollwut erkrankten. Er zeigte dann 1884, daß die serienweise intracerebrale Passage im Kaninchen den Originalstamm

(das sog. Straßenvirus) in ein Virus mit veränderten Eigenschaften
abwandelt (Virus fixe). Das Straßenvirus ist durch eine lange Inkubationszeit und durch seine relativ starke Pathogenität bei extra-
cerebraler Verimpfung gekennzeichnet. Durch die fortlaufenden Passagen wird die Inkubationszeit, die ursprünglich 2—4 Wochen bei intracerebraler Verimpfung beträgt, auf etwa 6—7 Tage verkürzt. Gleichzeitig
wird die Virulenz des Virus für andere Species abgeschwächt, wenn diesen
das passierte Virus subcutan verimpft wird. Die Kaninchen erkranken
mit paralytischen Symptomen und es können im Gehirn der Tiere
keine typischen NEGRI-Körperchen mehr nachgewiesen werden. Diese
Veränderung der Eigenschaften des Virus tritt nicht nur bei fortlaufenden
Kaninchenpassagen, sondern auch bei serienweisen Passagen in anderen
Tierarten, wie Schafen und Mäusen, ein. So wird bei serienweisen
Passagen im Mäusehirn die Inkubationszeit von ursprünglich 9—20 Tagen auf 5—6 Tage verkürzt. NEGRI-Körperchen können gewöhnlich nach
der 12.—30. Passage nicht mehr nachgewiesen werden. Frisch isolierte
Stämme differieren in ihrer Anpassungsfähigkeit; ist jedoch die Adap-
tation erfolgt, so ist sie stabil.

REMLINGER erbrachte 1903 den Nachweis der Filtrierbarkeit des
Virus und im gleichen Jahr wies NEGRI die nach ihm benannten Körperchen im Hirn tollwütiger Tiere nach, die er für Protozoen hielt.

Stammverschiedenheiten.

Die verschiedenen isolierten Stämme (Straßenvirus) sind in ihrer
Antigenstruktur identisch. Die Adaptation an Laboratoriumstiere
ergibt Virulenzänderungen.

Klinisches Krankheitsbild.

Anamnese und klinisches Krankheitsbild sind charakteristisch.

Untersuchungsmaterial für die Laboratoriumsdiagnose.

1. Erregernachweis. Im Speichel tollwütiger Tiere ist das Virus
während des akuten Krankheitsstadiums in der höchsten Konzentration
vorhanden. Das Virus ist in Medulla oblongata, Thalamus, Hirn- und
Kleinhirnrinde tollwütiger Tiere nachweisbar. Bei der Erkrankung des
Menschen kann es ebenfalls aus dem Hirngewebe isoliert werden.
Infiziertes Gehirn bleibt, wenn es in 50% Glycerin bei $+4^{0}$ C aufbewahrt
wird, monatelang virulent. Bakterielle Fäulnis des animalen Gehirns
schädigt das Virus nur wenig, so daß es auch noch nach Wochen durch
den Tierversuch nachgewiesen werden kann (Tiere in freier Wildbahn,
besonders Füchse).

Tollwutverdächtige Hunde sind nicht zu töten, sondern zunächst
zu beobachten. Tollwütige Hunde beißen in den frühen Krankheits-

stadien; meist entwickeln sich 2—3 Tage später typische Krankheitssymptome und nach einigen weiteren Tagen verenden praktisch alle Tiere. Da die Diagnose durch den Nachweis der NEGRI-Körperchen gestellt werden kann, sollen die Tiere nicht in den frühen Krankheitsstadien getötet werden, in denen diese nur spärlich nachweisbar sind.

2. Serologische Diagnose. Die Komplementbindungs- und Neutralisationsreaktion haben für die Diagnostik keine praktische Bedeutung erlangt.

Isolierung des Virus.

Mäuse sind für das Tollwutvirus empfänglicher als Kaninchen und Meerschweinchen. Nach intracerebraler Verimpfung von Straßenvirus erkranken Kaninchen und Meerschweinchen nach 2—4 Wochen, Mäuse meist schon nach 7—10 Tagen. Jeder Mäusestamm ist empfänglich, das Alter der Tiere spielt keine Rolle. Da animales Gehirn, wenn es im Laboratorium anlangt, oft im Zustand der bakteriellen Fäulnis ist, muß es mit Penicillin und Streptomycin versetzt werden. Die Konzentrationen werden so gewählt, daß 500—1000 E Penicillin und 1,0 mg Streptomycin je Milliliter als Endkonzentration in der Suspension vorhanden sind. Es werden mindestens 6 Mäuse (10—15 g) mit je 0,03 ml einer 10%igen Hirnsuspension intracerebral geimpft. Enthält das Material Tollwutvirus, so zeigen die Tiere nach 7—12 Tagen Unruhe, Tremor, Ataxie, Krämpfe, gelegentlich auch Paresen. Krankheitserscheinungen, die innerhalb der ersten 4 Tage auftreten, sind nicht spezifisch. Die Tiere sollen etwa 30 Tage beobachtet werden. Zwischen dem 7. und 10. Tag kann ein Tier getötet werden; enthielt das Untersuchungsmaterial Tollwutvirus, so sind meist zu diesem Zeitpunkt NEGRI-Körperchen nachweisbar. Die Diagnose beruht auf dem Nachweis der NEGRI-Körperchen, da ein gleichartiges Krankheitsbild bei Mäusen durch die verschiedensten Virusarten verursacht werden kann. Im infizierten Mäusehirn sind NEGRI-Körperchen regelmäßig nachweisbar. Zur Passage des isolierten Stammes wird eine 10%ige Hirnsuspension weiteren Mäusen oder Hamstern intracerebral verimpft.

Identifizierung des Virus.

Bei der Tollwut wird die Diagnose fast ausschließlich durch den Nachweis von Einschlußkörperchen im Hirn der infizierten Tiere gestellt. Jedoch können in den Gehirnen von Tieren und Menschen, die an Tollwut gestorben sind, nicht immer NEGRI-Körperchen nachgewiesen werden. Es wurde gefunden, daß etwa 10% der Tiere, die im Mäuseversuch positiv waren, im verimpften Hirnmaterial keine NEGRI-Körperchen zeigten. Dieser Prozentsatz ist bei der menschlichen Tollwutinfektion noch höher. Die NEGRI-Körperchen können in jeder Hirnregion vorkommen, doch sind sie am häufigsten in den Pyramidenzellen des Ammonshornes und in den PURKINJE-Zellen der Kleinhirnrinde.

Aus einem Ammonshorn (Pes hippocampi), das am Boden des Unterhorns des Seitenventrikels liegt, werden Scheiben quer herausgeschnitten. Ein Objektträger wird an die Schnittfläche gedrückt und schnell abgehoben, so daß ein dünner Gewebefilm auf dem Objektträger bleibt. Zum Nachweis der NEGRI-Körperchen sind viele Färbemethoden angegeben worden. Für Tupfpräparate eignet sich die SELLERSsche Technik, die keine vorherige Fixierung erfordert. Werden im Ammonshorn keine NEGRI-Körperchen nachgewiesen, so müssen auch die PURKINJE-Zellen des Kleinhirns untersucht werden.

Bei der Hundestaupe werden eosinophile Einschlußkörperchen gefunden, die nicht mit NEGRI-Körperchen verwechselt werden dürfen. Auch sind bei nicht tollwutinfizierten Mäusen eosinophile Einschlußkörperchen beschrieben. Im Gegensatz zu den NEGRI-Körperchen enthalten diese keine basophilen Innenstrukturen, die immer nachgewiesen werden müssen.

Zeigen Tupfpräparate keine eindeutigen NEGRI-Körperchen, so müssen Schnittpräparate angefertigt werden, die nach MANN gefärbt werden.

Die Neutralisationsreaktion ist für die Identifizierung unbekannter, atypischer Stämme wie auch solcher, die in serienweisen Passagen gehalten werden und keine NEGRI-Körperchen bilden, von Bedeutung. Immunsera können von Meerschweinchen durch Verimpfung einer mit Phenol versetzten infizierten Hirnsuspension gewonnen werden. Meerschweinchengehirn, das mit einem Virus fixe-Stamm infiziert wurde, wird in physiologischer Kochsalzlösung, die 1% Phenol enthält, zu einer 20%igen Suspension aufgeschwemmt und 1 Woche bei $+4^{\circ}$C gehalten. Diese Suspension wird dann mit einer gleichen Menge physiologischer Kochsalzlösung versetzt, so daß der Phenolgehalt 0,5% beträgt. Hiermit werden Meerschweinchen immunisiert; die Tiere erhalten in wöchentlichen Abständen 3 intraperitoneale Injektionen zu je 2 ml. Eine Woche nach der letzten Injektion werden die Tiere entblutet. Fallende Verdünnungen des Immunserums werden mit einer konstanten Virusmenge, die 100 LD 50 enthält, im Neutralisationstest angesetzt. Jede Verdünnungsstufe wird einer Gruppe Mäuse intracerebral injiziert und die Tiere 3 bis 4 Wochen beobachtet.

Literatur.

BARTEL, H.: Zur Diagnostik der Tollwut. Zbl. Bakter. I Orig. **152**, 155 (1947). — BRANDENBURG, H.: Zum diagnostischen Tierversuch auf Tollwut. Zbl. Bakter. I Orig. **159**, 23 (1952).

JOHNSON, H. N., and T. F. SELLERS: Rabies in „Diagnostic Procedures for Virus and Rickettsial Diseases". New York 1948. — JONESCU, D.: Untersuchungen über die Autolyse von Tollwutgehirnen. Zbl. Bakter. I Orig. **151**, 21 (1944/45).

Lentz, O.: Über spezifische Veränderungen an den Ganglienzellen wut- und staupekranker Tiere. Z. Hyg. **62**, 63 (1909).

Muratowa, A. P.: Über die Morphologie des Lyssa-Virus. Zbl. Bakter. I Orig. **132**, 65 (1934).

Negri, A.: Beitrag zum Studium der Äthiologie der Tollwut. Z. Hyg. **43**, 507 (1903). — Nicolau, S., L. Kopciowska et G. Balmus: Inclusions cytoplasmiques simulant les corps de Negri dans le cerveau de la souris normale. C. r. Soc. Biol. Paris **113**, 851 (1933).

Pasteur, L., Chamberland et E. Roux: Nouvelle communication sur la rage. C. r. Acad. Sci. **98**, 457 (1884). — Pasteur, L., Chamberland, E. Roux et Thuillier: Sur la rage. C. r. Acad. Sci. **92**, 1259 (1881).

Remlinger, P., et J. Bailly: La rage. Paris: Librairie Maloine 1947.

Sellers, T. F.: A new method for staining Negri bodies of rabies. Amer. J. Publ. Health **17**, 1080 (1927).

Webster, L. T.: Rabies. New York: Macmillan & Co. 1942. — *World Health Organization:* Expert Committee on Rabies. Technical Report Series No 28. 1950.

5. Lymphocytäre Choriomeningitis.

Armstrong und Lillie isolierten aus dem Gehirn eines Patienten, der während der St. Louis-Epidemie im Jahre 1933 starb, durch intracerebrale Verimpfung auf Affen ein Virus, das sich von dem St. Louis-Virus unterschied und bei Affen und Mäusen das histologische Bild einer Choriomeningitis hervorrief. Rivers und McNair-Scott gelang 1934 die Isolierung des Virus aus dem Liquor zweier Patienten, die das Krankheitsbild einer aseptischen Meningitis zeigten. Lépine, Mollaret und Kreis verimpften im Jahre 1937 einen von ihnen isolierten Stamm subcutan auf den Menschen. Nach einer Inkubation von 36—72 Std trat eine fieberhafte Erkrankung auf, die teilweise von meningitischen Symptomen begleitet war. Es gelang ihnen, die Infektion von Mensch zu Mensch zu übertragen, sowie Mäuse mit dem Blut Erkrankter zu infizieren. Traub wies auf endemische Infektionen in Mäusekolonien hin. Er konnte Stämme isolieren, die mit dem von Armstrong und Lillie gefundenen identisch waren. Es gelang in der Folgezeit in verschiedenen Ländern, das Virus der lymphocytären Choriomeningitis beim Menschen zu isolieren. Bei Hausmäusen, die in der Umgebung erkrankter Personen gefangen wurden, ist wiederholt das Virus nachgewiesen worden. Wahrscheinlich wird die menschliche Infektion durch Kontakt mit infizierten Hausmäusen hervorgerufen.

Stammverschiedenheiten.

Verschiedene Stämme unterscheiden sich in ihrer Pathogenität für die Maus und das Meerschweinchen. Sie sind jedoch in ihrer Antigenstruktur identisch.

Klinisches Krankheitsbild.

Zu Beginn der Erkrankung kommt es zu einer Temperatursteigerung, der nach etwa 8 Tagen meningitische Symptome folgen können. Der

Ausgang in Heilung ist die Regel. Das Syndrom der aseptischen Meningitis wird nicht bei jeder Infektion mit dem Virus beobachtet. Grippeähnliche Symptome oder das Syndrom der atypischen Pneumonie können als einzige Krankheitsmanifestation auftreten.

Untersuchungsmaterial für die Laboratoriumsdiagnose.

1. *Erregernachweis.* Das Virus kann im Blut, Liquor und eventuell im Sputum, die an einem möglichst frühen Krankheitstag gewonnen werden, nachgewiesen werden.

Bei infizierten Hausmäusen ist das Virus aus Gehirn, Leber und Milz isoliert worden.

2. *Serologische Diagnose.* Blutsera aus der akuten Krankheitsphase und der Rekonvaleszenz werden auf ein Ansteigen des Antikörpergehaltes mittels der Komplementbindungsreaktion und der Neutralisationsreaktion geprüft.

Isolierung des Virus.

Da wiederholt nachgewiesen wurde, daß gesund erscheinende Laboratoriumsmäuse latent infiziert sein können (die meisten Tiere zeigen keinerlei Krankheitserscheinungen und die Mortalität beträgt weniger als 2%), muß diese Fehlerquelle ausgeschaltet werden. Serienweise Passagen der Gehirne der zu untersuchenden Mäuse auf sicher virusfreie Tiere rufen bei letzteren Krankheitserscheinungen hervor. Meerschweinchen und Affen können mit dem Virus ebenfalls latent infiziert sein.

Das Untersuchungsmaterial wird einer Gruppe von 4 Wochen alten Mäusen intracerebral und intraperitoneal injiziert. Jedes Tier erhält 0,03 ml intracerebral und 0,2—0,5 ml intraperitoneal. Zeigen die Tiere bis zum 10. Tag keine Krankheitserscheinungen, so werden die Gehirne entnommen, eine 10%ige Suspension hergestellt und diese wiederum Mäusen injiziert. Es sollen 3 Passagen durchgeführt werden, ehe eine Probe als negativ gewertet wird. Erkrankte Mäuse zeigen ein struppiges Fell, seröse Conjunctivitis, Tremor und tonisch-klonische Krämpfe, sowie charakteristische Spasmen der hinteren Extremitäten. Die Tiere sterben im allgemeinen innerhalb 1—3 Tagen nach Auftreten der Krankheitserscheinungen. Einzelne Tiere können auch plötzlich sterben, ohne vorher Krankheitserscheinungen gezeigt zu haben.

Gleichzeitig werden mit dem Untersuchungsmaterial 250 g schwere Meerschweinchen intracerebral (0,1 ml) und intraperitoneal (2—3 ml) geimpft. Die Tiere werden 14 Tage bei täglicher Temperaturkontrolle beobachtet. Infizierte Tiere zeigen oft nur Temperatursteigerungen über 40° C. Wird an 2 aufeinanderfolgenden Tagen bei den Tieren Fieber beobachtet, so werden diese getötet und von ihnen eine Hirnsuspension intracerebral und eine 10%ige Milzsuspension intraperitoneal auf weitere Meerschweinchen passiert. Durch wiederholte Passagen wird die Pathogenität des Virus gesteigert. Mäuse und Meerschweinchen, die keine Krankheitserscheinungen zeigen, können mit einem bekannten Stamm reinfiziert werden.

Identifizierung des Virus.

Durch intraperitoneale Verimpfung einer Aufschwemmung virusinfizierter Mäusegehirne werden Meerschweinchen oder Mäuse immunisiert und das gewonnene Immunserum, zur Bestimmung des Titers, in der Neutralisationsreaktion gegen den verimpften bekannten Stamm angesetzt. Nach Bestimmung der Neutralisationskraft des Immunserums wird der zu prüfende, unbekannte Stamm mit dem Serum versetzt und durch intracerebrale Verimpfung auf Mäuse oder intraperitoneale Verimpfung auf Meerschweinchen die Neutralisationswirkung ermittelt.

Bei Meerschweinchen können etwa 3 Wochen nach der Infektion komplementbindende Antikörper im Serum nachgewiesen werden.

Das Virus bleibt, bei — 70° C aufbewahrt, mindestens 1 Jahr virulent.

Serologische Diagnose durch den Nachweis spezifischer Antikörper.

Als Antigen für die Komplementbindungsreaktion kann eine Aufschwemmung virusinfizierter Meerschweinchenmilz oder -lunge verwendet werden. Positive Kontrollsera können durch Immunisierung von Meerschweinchen gewonnen werden. Positive Reaktionen in der Komplementbindungsreaktion sollen durch die Neutralisationsreaktion bestätigt werden. Da sich die neutralisierten Antikörper oft sehr spät bilden, soll bei negativem Ergebnis auch noch eine Serumprobe, etwa 4 Monate nach Krankheitsbeginn, untersucht werden.

Literatur.

Armstrong, Ch., and R. D. Lillie: Experimental lymphocytic choriomeningitis of monkeys and mice produced by a virus encountered in studies of the 1933 St. Louis encephalitis epidemic. Publ. Health Rep. 49, 1019 (1934). — Armstrong, Ch., and L. K. Sweet: Lymphocytic Choriomeningitis. Publ. Health Rep. 54, 673 (1939).

Dalldorf, G., C. W. Jungeblut and M. D. Umphlet: Multiple cases of choriomeningitis in apartment harboring infected mice. J. Amer. Med. Assoc. 131, 25 (1946). — Duncan, P. R., A. E. Thomas and J. O'H. Tobin: Lymphocytic Choriomeningitis, review of ten cases. Lancet 1951, 956.

Farmer, T. W., and Ch. A. Janeway: Infections with the virus of lymphocytic choriomeningitis. Medicine 21, 1 (1942).

Howard, M. E.: Infection with the virus of Choriomeningitis in man. Yale J. Biol. a. Med. 13, 161 (1940).

Lépine, P., P. Mollaret et B. Kreis: Réceptivité de l'homme au virus murin de la chorioméningite lymphocytaire béningne. C. r. Acad. Sci. **204**, 1846 (1937). — Lépine, P., P. Mollaret et V. Sautter: Application de la déviation du complément a l'étude de la méningite lymphocytaire. Premier Congrès des Microbiologistes de Langue francaise à Paris 1938. — Lillie, R. D.: The pathology of lymphatic choriomeningitis virus infection. In „The pathogenesis and pathology of viral diseases". New York: Columbia University Press 1950.

MacCallum, F. O.: The virus of lymphocytic Choriomeningitis as a cause of benign aseptic meningitis. Laboratory diagnosis of five cases. Monthly Bull. Ministry Health Publ. Health Lab. Serv. **8**, 177 (1949).

Scott McNair, T. F., and T. M. Rivers: Meningitis in man caused by a filterable virus. J. of Exper. Med. **63**, 397 (1936). — Smadel, J. E., R. D. Baird and M. J. Wall: A soluble antigen of lymphocytic choriomeningitis. I. Separation of soluble antigen from virus. J. of Exper. Med. **70**, 53 (1939). — Smadel, J. E., and M. J. Wall: Identification of the virus of lymphocytic choriomeningitis. J. Bacter. **41**, 421 (1941). — Lymphocytic choriomeningitis in the syrian hamster. J. of Exper. Med. **75**, 581 (1942).

Traub, E.: A filtrable virus recovered from white mice. Science (Lancaster, Pa.) **81**, 298 (1935).

6. Virusbedingte Encephalomyelitiden.

Natürliche Infektionen mit Viren dieser Gruppe sind in Deutschland nicht beobachtet, dagegen sind Laboratoriumsinfektionen beschrieben.

St. Louis-Encephalomyelitis. Im Sommer 1933 brach in St. Louis eine Encephalitisepidemie aus, bei der Muckenfuss, Armstrong und McCordock das Virus durch kombinierte intracerebrale und intraperitoneale Verimpfung von Hirnmaterial Verstorbener auf Rhesusaffen isolieren konnten. Im gleichen Jahr wiesen Webster und Fite nach, daß auch die Maus bei intracerebraler Verimpfung für das Virus empfänglich ist.

Das Virus ist nur mäuse- und affenpathogen. Bei intracerebraler Verimpfung auf Mäuse führt es fast immer deren Tod herbei, während bei intracerebraler Verimpfung auf Affen diese meist überleben. Ausgewachsene Mäuse können nur intracerebral, saugende Mäuse auch subcutan und intraperitoneal infiziert werden. Kaninchen sind für das Virus nicht empfänglich. Natürliche Überträger des Virus sind verschiedene Stechmückenarten.

Die Diagnose kann durch die Isolierung des Virus aus dem Zentralnervensystem sowie durch den Nachweis spezifischer Antikörper gestellt werden.

Japanische B-Encephalitis. Im Gegensatz zu der Encephalitis lethargica (= Typ A) wird diese in Japan beobachtete Encephalitisform als „Sommer-Encephalitis" oder Encephalitis Typ B bezeichnet. Im Jahre 1924 wurden in Japan über 7000 Fälle mit einer Mortalität von 60% beobachtet. Weitere Epidemien wurden in den Jahren 1935, 1945,

1948 festgestellt. Das Virus wurde 1926 von Takati und bei der Epidemie 1935 von Taniguchi isoliert. Das Virus kann im Zentralnervensystem der an der Erkrankung Verstorbenen sowie im Blut und Liquor nachgewiesen werden. Mäuse, Hamster, Affen und junge Schafe sind bei intracerebraler Verimpfung empfänglich. Als natürliche Überträger gelten Stechmücken. Die Isolierung des Virus gelingt am leichtesten durch intracerebrale Verimpfung von Hirngewebe auf Mäuse. Im Rekonvaleszentenserum finden sich komplementbindende und virusneutralisierende Antikörper.

Pferdeencephalomyelitis. Im Jahre 1938 brach in Massachusetts eine Epidemie unter den Pferdebeständen aus, bei der erstmalig auch Infektionen des Menschen, hauptsächlich der Kinder, beobachtet wurden. Das Virus konnte durch intracerebrale Verimpfung von Hirngewebe an der Krankheit Verstorbener auf Mäuse isoliert werden. Es ist mit dem Osttyp der Pferdeencephalomyelitis identisch. Im gleichen Jahr wurde in Kalifornien bei einem tödlich verlaufenden Fall der Westtyp der Pferdeencephalomyelitis isoliert. Beide Typen sind serologisch unterscheidbar. Ein in Venezuela beobachteter Typ ist serologisch von dem Ost- und Westtyp abgrenzbar.

Das Virus der Pferdeencephalomyelitis besitzt ein weites Wirtsspektrum und unterscheidet sich dadurch von denen der japanischen B- und der St. Louis-Encephalomyelitis. Mäuse, Meerschweinchen, Kaninchen und Affen sind empfänglich. Als Überträger gelten Aedesarten. Das Virus kann durch intracerebrale Verimpfung von Hirngewebe (Hirnstamm, Mittelhirn) auf Mäuse und Meerschweinchen isoliert werden. Im Rekonvaleszentenserum finden sich komplementbindende und virusneutralisierende Antikörper.

Zu der Borna-Pferdeencephalomyelitis bestehen keine serologischen Beziehungen. Menschliche Erkrankungen mit diesem Virus sind nicht bekannt.

Louping-ill. Louping-ill ist eine bei Schafen in Schottland und Nordengland auftretende Virusinfektion. Unter natürlichen Bedingungen sind nur einzelne menschliche Infektionen beobachtet worden, hingegen sind mehrere Laboratoriumsinfektionen beschrieben. Das Virus ist beim Schaf während der febrilen Krankheitsphase im Blut nachweisbar, ebenso im Gehirn verendeter Tiere. Mäuse sind auf intracerebralem und intranasalem Weg mit dem Virus zu infizieren. Meerschweinchen und Kaninchen sind für das Virus nicht empfänglich. Natürlicher Überträger ist die Zecke Ixodes ricinus.

Das Virus kann aus dem Blut, Liquor und dem Gehirn an der Infektion Verstorbener durch intracerebrale und intraperitoneale Verimpfung auf Mäuse isoliert werden. Das Virus wird durch spezifisches Antiserum neutralisiert.

Australische X-Encephalitis. In den Jahren 1917 und 1918 und zwischen 1922 und 1926 kamen in Australien Encephalitiden vor, die klinisch der japanischen B-Encephalitis ähnelten. Die Isolierung des Virus gelang durch intracerebrale Verimpfung von Gehirn auf Affen, Schafe, Pferde und Mäuse. Da das Virus nicht mehr zur Verfügung steht, ist es nur ungenügend charakterisiert. Es ist möglich, daß Beziehungen zum Louping-ill-Virus bestehen.

Russische Frühjahrs-Sommerencephalitis. Das Virus wird durch Zekkenbiß (Ixodes persulcatus) übertragen. Wahrscheinlich dienen als Reservoir Nagetiere. Das Virus ist mit dem Louping-ill-Virus verwandt.

Während der akuten Krankheitsphase kann das Virus aus dem Blut und Liquor isoliert werden. Mäuse, Hamster und Affen sind empfänglich.

B-Virus. Bei 2 tödlich verlaufenden Infektionen zweier Ärzte, von denen der eine von einem Affen gebissen, der andere wahrscheinlich durch den Speichel eines Affen infiziert wurde, gelang es, das sog. B-Virus nachzuweisen. Dieses ist für Kaninchen pathogen, nicht dagegen für Mäuse und Meerschweinchen. Im infizierten Kaninchenhirn finden sich eosinophile, intranucleäre Einschlüsse, die denen des Herpesvirus gleichen.

Literatur.

BECK, C. E., and R. W. G. WYCKOFF: Venezuelan equine encephalomyelitis. Science (Lancaster, Pa.) 88, 530 (1938). — BREWIS, E. G., CH. NEUBAUER and E. W. HURST: Another case of louping-ill in man. Isolation of the virus. Lancet 1949, 689.

DAVISON, G., CH. NEUBAUER and E. W. HURST: Meningo-Encephalitis in man due to the louping-ill virus. Lancet 1948, 453.

EDWARD, D. G.: Immunization against louping-ill. Immunisation of man. Brit. J. Exper. Path. 29, 372 (1948).

FOTHERGILL, L. D., J. H. DINGLE, S. FARBER and M. L. CONNERLEY: Human encephalitis caused by the virus of the Eastern variety of Equine Encephalomyelitis. New England J. Med. 219, 411 (1938).

HAAGEN, E., u. B. CRODEL: Untersuchungen über das japanische Encephalitis-virus. Zbl. Bakter. 142, 269 (1938). — HOWITT, B.: Recovery of the virus of equine encephalomyelitis from the brain of a child. Science (Lancaster, Pa.) 88, 455 (1938).

LAWSON, J. H., W. G. MANDERSON and E. W. HURST: Louping-ill meningo-encephalitis. Lancet 1949, 696.

MUCKENFUSS, R., CH. ARMSTRONG and H. A. McCORDOCK: Encephalitis: Studies on experimental transmission. Publ. Health Rep. 48, 1341 (1933).

PERDRAU, J. R.: The Australian epidemic of encephalomyelitis (X-disease). J. of Path. 42, 59 (1936).

RANDALL, R., and J. W. MILLS: Fatal encephalitis in man due to the Venezuelan Virus of Equine Encephalomyelitis in Trinidad. Science (Lancaster, Pa.) 99, 225 (1944).

SABIN, A. B.: Epidemic encephalitis in military personnel. J. Amer. Med. Assoc. 133, 281 (1947). — Fatal B-virus encephalomyelitis in a physician working

with monkeys. 41. Annual Meeting of the Amer. Soc. for Clin. Investigation 1949.
SABIN, A. B., and A. M. WRIGHT: Acute ascending myelitis following a monkey
bite, with the isolation of a virus capable of reproducing the disease . J. of Exper.
Med. **59**, 115 (1934). — SMORODINTSEFF, A. A.: The spring-summer tick-borne
encephalitis. (Synonyms: Forest spring encephalitis.) Arch. Virusforsch. **1**, 468
(1940).

TAKATI, I.: Über das Virus der Encephalitis japonica. Z. Immun.forsch.
47, 441 (1926). — TANIGUCHI, T., S. KUGA, M. HOSOKAWA, Z. MASUDA, T. WADA,
T. HORIMI and S. HASHIDA: A study on the virus of summer encephalitis in Japan.
Jap. J. of Exper. Med. **13**, 109 (1935). — TIGERTT, W. T., and W. McD. HAMMON:
Japanese B-Encephalitis. A complete review of experience on Okinawa 1945—1949.
Amer. J. Trop. Med. **30**, 689 (1950).

WARREN, J.: Epidemic encephalitis in the far east. Amer. J. Trop. Med.
26, 417 (1946). — WEBSTER, L. T., and G. L. FITE: A virus encountered in the
study of material from cases of encephalitis in the St. Louis and Kansas City
epidemics of 1933. Science (Lancaster, Pa.) **78**, 463 (1933).

7. Poliomyelitis.

Die erste Beschreibung des Krankheitsbildes der Poliomyelitis gab
HEINE im Jahre 1840. MEDIN wies 1890 auf das epidemische Auf-
treten hin und beschrieb eine Epidemie in Stockholm. Den Beweis,
daß es sich um eine Infektionskrankheit handelt, erbrachten LAND-
STEINER und POPPER im Jahre 1909, denen es gelang, menschliches
Hirn und Rückenmark erfolgreich auf Affen zu verimpfen. Diese Versuche wurden von LANDSTEINER und LEVADITI, RÖMER, FLEXNER und
Mitarbeitern weiter fortgeführt und es wurde nachgewiesen, daß ein
Virus der Erreger der Poliomyelitis ist. BURNET und MACNAMARA,
sowie PAUL und TRASK konnten 1929 und 1931 bzw. 1939 zeigen, daß
bei dem Poliomyelitisvirus Unterschiede in der Antigenstruktur vorkommen. Diese Unterschiede in der Antigenstruktur über 100 verschiedener in der ganzen Welt isolierter Stämme wurden vom „Committee
on Typing" der „National Foundation for Infantile Paralysis" vom
Jahre 1948 an im Affenversuch geprüft. Alle bisher untersuchten
Stämme lassen sich auf 3 Grundtypen zurückführen.

Die Adaptation eines Poliomyelitisstammes an die Laboratoriums-
maus gelang ARMSTRONG (Lansing-Stamm). LEE und HABEL adaptierten den Leon-Stamm an die weiße Maus durch intraspinale Verimpfung einer Affenrückenmarkssuspension. SABIN und OLITSKY züch-
teten das Poliomyelitisvirus zuerst in der Gewebekultur. Sie verwendeten Hirngewebe menschlicher 3—4 Monate alter Foeten. Die
Züchtung des Virus in extraneuralem menschlichen Gewebe, embryonaler
Haut und Muskeln, gelang WELLER, ROBINS und ENDERS. In Menschen-
und Affenhodengewebe wurde das Virus von SMITH, CHAMBERS und
EVANS gezüchtet. Durch die Anwendung der Technik der Gewebekultur sind der Diagnostik der Poliomyelitis völlig neue Wege geöffnet
worden.

Stammverschiedenheiten.

Alle bisher isolierten Stämme gleichen in ihrer Antigenstruktur einem der 3 Standardstämme:

Lansing (isoliert 1937 von ARMSTRONG), (Typ 2),

Leon (isoliert 1937 von KESSEL, MOORE und PAIT), (Typ 3),

Brunhilde (isoliert 1939 von HOWE und BODIAN), (Typ 1).

Klinisches Krankheitsbild.

Abortive Poliomyelitis.

Aparalytische Poliomyelitis.

Paralytische Poliomyelitis (spinaler, bulbärer, bulbo-spinaler und encephalitischer Typ).

Untersuchungsmaterial für die Laboratoriumsdiagnose.

1. Erregernachweis. Obwohl das Poliomyelitisvirus noch 3 bis 4 Wochen nach Krankheitsbeginn bei 50% der Patienten mit dem Stuhl ausgeschieden wird, soll dieser möglichst früh nach Krankheitsbeginn, etwa innerhalb der ersten 10 Tage entnommen werden. Stuhl von mehreren (3—6) aufeinanderfolgenden Tagen wird gesammelt und sofort nach der Entleerung mit einem Holzspatel in eine PETRI-Schale gegeben. Je Probe sollen mindestens 25 g zur Verfügung stehen. Die PETRI-Schale wird mit geschmolzenem Paraffin luftdicht verschlossen, indem mit einer Capillarpipette der Spalt zwischen Boden und Deckel mit Paraffin ausgefüllt wird. Nach Erstarrung des Paraffins wird die PETRI-Schale in ein Thermosgefäß gebracht, das mit Trockeneis beschickt ist. Das Virus hält sich in dem bei — 70⁰ C gefrorenen Stuhl monatelang virulent. Je kürzer die Zeitspanne ist, die zwischen der Entleerung des Stuhles und dem Einfrieren liegt, um so günstiger sind die Aussichten für einen Virusnachweis.

Rachenabstriche kommen für die Laboratoriumsdiagnose nicht in Betracht, da die Zeitspanne, in der das Virus hier nachgewiesen werden kann, sehr kurz ist.

Vereinzelt ist das Virus in der präparalytischen Periode im Blut gefunden worden. Dem Nachweis im Blut kommt keine praktische Bedeutung zu.

Aus dem Zentralnervensystem, aber auch aus extraneuralem Gewebe, Lymphknoten (WENNER und RABE), gelähmter Skelettmuskulatur (JUNGEBLUT) kann das Virus isoliert werden. Je kürzer die Zeitspanne ist, die zwischen dem Eintritt des Todes und dem Einfrieren des gewonnenen Materials liegt, um so günstiger sind die Aussichten für einen Virusnachweis.

Von MELNICK, RHODES u. a. wurden Methoden zum Nachweis des Poliomyelitisvirus im Abwasser angegeben.

2. Serologische Diagnose. Virusneutralisierende und komplement-bindende Antikörper können im Serum Infizierter nachgewiesen werden. Im Ablauf der Infektion kommt es zu einem Anstieg der Antikörper gegen den homologen Stamm.

Isolierung des Virus.

1. Isolierung des Virus durch Verimpfung von Stuhl auf Affen (M. rhesus, M. cynomolgus) auf intranasalem und intraperitonealem Weg.

Eine 10—30%ige Stuhlaufschwemmung wird im Starmix in Aqua dest. hergestellt. Die Suspension wird 30 min bei 3000 Umdrehungen je Minute in einer Horizontalzentrifuge zentrifugiert. Ein Teil des Überstandes wird abpipettiert, in ein mit Gummistopfen verschlossenes Gefäß gefüllt und mit 15% Äther versetzt. Das Gefäß wird bei $+ 4^0$ C gehalten und täglich mehrmals einige Minuten gut durchgeschüttelt. Nach etwa 8—10 Tagen wird der Gummistopfen durch einen Zell-stoffstopfen ersetzt, um ein Abdampfen eines Teiles des Äthers zu ermöglichen. Der restliche Äther wird im Vakuum entfernt. Von der Suspension werden Sterilitätsproben angesetzt und bei bakteriellem Wachstum nochmals eine Ätherbehandlung durchgeführt oder Penicillin und Streptomycin zugesetzt, so daß die Endkonzentration 500—1000 IE Penicillin krist. und 5—10 mg Streptomycin je Milliliter beträgt. Mit der Suspension werden zunächst Mäuse intraperitoneal geimpft und die Tiere 48 Std auf die Entwicklung einer Peritonitis hin beob-achtet. Zeigen die Mäuse keine Krankheitserscheinungen, so werden sie seziert und falls sich keine pathologischen Veränderungen finden, wird die Suspension Affen intraperitoneal verimpft. Die Tiere erhalten zunächst 5,0 ml der Suspension intraperitoneal, zeigen sich keine toxischen Erscheinungen, so wird in 3—4tägigen Intervallen bis zu maximal je 15 ml verimpft. Jedes Tier erhält insgesamt 2—4 intra-peritoneale Injektionen. Als Schutz vor bakterieller Infektion erhält jeder Affe zusätzlich 100000 IE Depotpenicillin täglich.

Das Sediment wird in dem Rest des Überstandes resuspendiert und für die intranasale Verimpfung verwendet. Das Sediment wird in Ampullen zu je 2 ml abgefüllt und bei $- 70^0$ C aufbewahrt. Jedes Tier erhält 10—12 intranasale Verimpfungen zu je 1 ml. Die Stuhlsus-pension wird mit einer weiten Capillarpipette in die Nase getropft und mit einem Pfeifenreiniger leicht in die Schleimhaut eingerieben. Eine Äthernarkose ist nicht notwendig und auch wegen der Pneumoniegefahr nicht zu empfehlen. Das Material wird an jeweils aufeinanderfolgenden Tagen verimpft.

Die intranasalen und intraperitonealen Impfungen werden so kom-biniert, daß zunächst täglich intranasal verimpft wird. Am 3. Tag erhält das Tier zusätzlich eine intraperitoneale Injektion. Die intranasalen Verimpfungen werden weiter täglich durchgeführt und in 3—4tägigen Intervallen zusätzlich intraperitoneal injiziert. Da bei manchen Stämmen die Isolierung durch die kombinierte intranasale und intraperitoneale Injektion nicht gelingt, kann das Tier zusätzlich intracerebral infiziert werden. Die intracerebrale Injektion soll aber erst dann durchgeführt werden, wenn 2 intraperitoneale Injektionen reaktionslos vertragen wurden. Zur intracerebralen Verimpfung wird die gleiche Suspension wie für die intraperitoneale Verimpfung verwendet. Auch bei Sterilität der Suspension lassen sich Tierverluste nicht vermeiden, da manche Stühle toxisch wirken.

2. Isolierung des Virus durch Verimpfung von Stuhl auf Affen (M. rhesus, M. cynomolgus) auf intracerebralem Weg.

Das Untersuchungsmaterial wird mittels einer Ultrazentrifuge angereichert. Diese Methode ist weitaus empfindlicher als die kombinierte intranasale-intraperitoneale Technik (MELNICK). In destilliertem Wasser wird eine 10—30%ige Stuhlsuspension im Starmix hergestellt. Die Suspension wird in einer Horizontalzentrifuge 30 min bei 3000 Umdrehungen je Minute von gröberen Teilchen befreit. Der Überstand wird abpipettiert und bei 16—18000 Umdrehungen je Minute (entsprechend 20000—30000 g) in einer gekühlten Winkelzentrifuge 30—60 min geklärt. Der Überstand wird dann in einer Ultrazentrifuge bei 40000 Umdrehungen (entsprechend 150000—175000 g) 90—120 min zentrifugiert Der Überstand wird bis auf 1,0 ml verworfen und hierin das Sediment mit einem Glasstab resuspendiert. Der Becher wird mit 1,5 ml Aqua dest. nachgewaschen. Das resuspendierte Sediment kann entweder mit Äther oder mit Penicillin-Streptomycin versetzt werden. Es wird eine Sterilitätsprobe angesetzt, erfolgt kein bakterielles Wachstum, so wird die Suspension intracerebral verimpft.

Der Vorteil der Ultrazentrifugierung liegt darin, daß eine große Suspensionsmenge konzentriert werden kann. Die Menge der zu verarbeitenden Suspension, sowie die Konzentration des Stuhles richten sich nach der Kapazität der zur Verfügung stehenden Ultrazentrifuge. Die konzentrierte Suspension bleibt bei -70^0 C mindestens 2 Monate virulent.

Die Suspension wird intracerebral in den linken oder rechten Thalamus verimpft. Zeigt das Tier nach 8 Tagen keine Zeichen einer Infektion und bei einer Cysternalpunktion keine Zellvermehrung im Liquor, so werden 0,4 ml der Suspension in den Thalamus der Gegenseite geimpft. Regelmäßige, in 6tägigen Abständen durchgeführte Liquoruntersuchungen ergeben ein besseres Bild des Infektionsverlaufes als die täglichen Temperaturmessungen. Die Tiere müssen täglich 2mal genau beobachtet werden, da frisch vom Menschen isolierte Stämme oft eine sehr geringe Affenpathogenität besitzen und nur flüchtige klinische Erscheinungen hervorrufen, die leicht übersehen werden. Die Tiere zeigen in der präparalytischen Periode Allgemeinsymptome, Fieber, Tremor, allgemeine Unruhe, Ataxie. Im Lähmungsstadium kann es zu einem Ausfall einzelner Muskelgruppen kommen, die schwer zu erkennen sind. Bei mindestens 10% der Tiere besteht ein nichtparalytisches Krankheitsbild. Die Beobachtungszeit erstreckt sich auf mindestens 30 Tage.

Gelegentlich kommt es bei der Impfung zu einer Blutung in den Thalamus. Die Tiere zeigen direkt nach der Impfung eine Schwäche oder Lähmung einer oder mehrerer Extremitäten. Es ist sehr selten, daß ein Tier durch das Impftrauma als solches eingeht.

Beim Auftreten klinischer Erscheinungen wird das Tier noch am gleichen Tag durch intrakardiale Ätherinjektion getötet und das Gehirn und Rückenmark steril entnommen. Das Cervical- und Lumbalmark weist den höchsten Virusgehalt auf. Es wird, bei -70^0 C eingefroren, für weitere Passagen aufbewahrt.

Die Diagnose der experimentellen Poliomyelitis wird durch den histologischen Befund gesichert. Es werden Schnitte durch den Bulbus olfactorius (nur bei intranasaler Impfung), Thalamus, vordere Zentralwindung, Medulla oblongata in der Gegend des 4. Ventrikels, Cervicalmark (C 6—T 1) und Lumbalmark (L 4—L 7) histologisch untersucht.

Durchführung der Passagen.

Das gewonnene Cervical- und Lumbalmark wird als 20%ige Suspension (g/Vol) in Aqua dest. im Starmix homogenisiert und intracerebral auf Affen weiterverimpft. Die Adaptation frisch isolierter Stämme an den Affen macht oft Schwierigkeiten und es sind oft viele Passagen notwendig, um den Stamm so zu adaptieren, daß regelmäßig nach der intracerebralen Impfung Lähmungen auftreten. Bei manchen Stämmen gelingt dies auch nach vielen Passagen nicht und der infektiöse Titer bleibt ständig niedrig (ID 50 zwischen 10^{-1} und 10^{-2}).

Identifizierung des Virus.

Nach dem Vorgehen von SALK können auch Stämme mit niederem infektiösen Titer typisiert werden. Ein weiterer Vorteil dieser Methode ist, daß der infektiöse Titer des zu prüfenden Stammes nicht bekannt zu sein braucht. Die von SALK angegebene Methode beruht darauf, daß von dem unbekannten Stamm, der in Mineralöl-Emulgierungsmittel aufgeschwemmt ist, durch Affenimpfung ein Immunserum hergestellt wird, das gegen 100 PD 50 der Standardstämme im Neutralisationstest angesetzt wird. Die Ergebnisse dieser Technik sind natürlich nur zu werten, wenn es zu einer Neutralisation des Immunserums mit einem der Teststämme kommt, da bei einem Ausbleiben der Neutralisation mit allen Teststämmen die Möglichkeit besteht, daß der Antikörpergehalt des Immunserums zur Neutralisation nicht ausreicht.

Zur Herstellung des Immunserums wird eine 20%ige Suspension des Cervical- und Lumbalmarkes des zu prüfenden Stammes in Aqua dest. hergestellt.

Die Emulsion für die Immunisierung besteht aus

     10 Teilen wäßrige Phase (20%ige Rückenmarksaufschwemmung),
     9 Teilen Bayol F[1],
     1 Teil Arlacel C[2].

Bayol F und Arlacel C werden in dem angegebenen Verhältnis gemischt und im Autoklav 15 min bei 120° C sterilisiert, die Rückenmarksaufschwemmung dann tropfenweise in gleicher Menge zugesetzt und eine Emulgierung durch Reiben mit einem Pistill in einem Mörser erzielt. Durch wiederholtes Aufziehen und Ausspritzen mit einer Ganzglasspritze wird eine weitere Homogenisierung erreicht. Es sind etwa 10—15 min erforderlich, um die Mischung vollständig zu emulgieren. Ein Tropfen der Mischung, der auf eine Wasseroberfläche gebracht wird, muß, ohne sich auszubreiten, als Tropfen erhalten bleiben. Die Emulsion ist relativ stabil, sie soll aber innerhalb 1 Std nach der Bereitung verimpft werden.

Mit dieser Emulsion, die einer 10%igen Rückenmarksaufschwemmung entspricht, werden mindestens 3 Affen immunisiert. Vor Beginn der Immunisierung wird jedem Tier eine Blutprobe aus einer Beinvene entnommen, um ein negatives Kontrollserum zur Verfügung zu haben. Jedes Tier erhält 3 Injektionen jeweils in Abständen von 14 Tagen. 14 Tage bis 3 Wochen nach der letzten Injektion werden die Tiere entblutet und die gewonnenen Sera zusammengegeben.

Bei der 1. Injektion erhält das Tier je 2 ml in jeden Wadenmuskel, bei der 2. je 2 ml in jeden Oberschenkelmuskel und bei der 3. Injektion wieder je 2 ml in jeden Wadenmuskel.

Das gewonnene Immunserum wird bei —70° C aufbewahrt und ist ohne Titerverlust monatelang haltbar.

Der mit dieser Technik erzielte Antikörpergehalt ist um ein Mehrfaches höher als der, welcher durch eine wäßrige Suspension erreicht werden kann.

Herstellung der Virussuspension der Standardstämme, Neutralisationsreaktion.

Eine Gruppe von Affen, mindestens 10 Tiere, wird intracerebral mit dem Standardstamm infiziert und die Tiere an dem Tag, an welchem

---

[1] Bayol F - Esso, Hamburg.
[2] Arlacel C - Atlas Powder Company, Wilmington 99, Delaware, USA.

die ersten Krankheitserscheinungen auftreten, getötet. Nach der histologischen Untersuchung und den Sterilitätsproben werden die Cervical- und Lumbalregionen des Rückenmarks der einzelnen Tiere zusammengegeben und im Starmix eine 10%ige Suspension in Aqua dest. hergestellt (g/Vol = 1 + 9 = 10^{-1}). Die Suspension wird in Ampullen abgefüllt und bei -70^0 C aufbewahrt.

Die Suspension wird durch intracerebrale Verimpfung in den Thalamus austitriert und die Dosis bestimmt, welche bei 50% der Tiere eine Paralyse bewirkt (PD 50).

Zur Austitrierung wird jedem Tier 0,2 ml der entsprechenden Verdünnung der Virussuspension + 0,2 ml Affennormalserum intracerebral injiziert, um gleiche Bedingungen wie bei dem Neutralisationstest zu haben. Für jede Verdünnungsstufe der Virussuspension werden 6 Tiere verwendet. Die Neutralisationsreaktion wird mit 100 PD 50 in 0,2 ml Virussuspension angesetzt.

Neutralisationsreaktion. Zur Neutralisationsreaktion wird das unverdünnte, nichtinaktivierte Immunserum mit gleichen Teilen der Virussuspension, die in 0,2 ml 100 PD 50 enthält, versetzt und 2 Std bei Zimmertemperatur, dann 2 Std bei + 4^0 C gehalten. Die Mischung wird dann in einer Menge von je 0,4 ml 5 Affen intracerebral verimpft.

Zur Kontrolle wird das unverdünnte nichtinaktivierte Serum, das den Affen vor der Immunisierung entnommen wurde, mit gleichen Teilen der Virussuspension versetzt, ebenfalls 2 Std bei Zimmertemperatur und 2 Std bei + 4^0 C gehalten. Es werden 3 Affen mit je 0,4 ml intracerebral geimpft.

Die Beobachtung der Tiere erstreckt sich über 30 Tage. Das Zentralnervensystem aller Tiere muß zum Abschluß der Untersuchung histologisch untersucht werden.

Um Tiermaterial zu sparen, wird die Neutralisation zunächst nur mit dem Brunhilde-Stamm durchgeführt, da dieser nach den bisherigen Erfahrungen der am weitesten verbreitete ist. Erst wenn die Neutralisation mit diesem Stamm negativ verläuft, wird der Neutralisationstest mit dem Lansing- bzw. Leon-Stamm angesetzt.

Das Immunserum wird gegen den Lansing-Stamm an Mäusen geprüft. Eine Vorratssuspension des Lansing-Stammes wird hergestellt und ihre PD 50 in 0,015 ml bei intracerebraler Verimpfung ermittelt.

Zur Neutralisation werden 100 PD 50 mit der gleichen Menge des Immunserums versetzt und nach Weiterbehandlung wie bei der Neutralisation mit dem Brunhilde-Stamm 10 Mäuse intracerebral mit 0,03 ml der Mischung infiziert. Die Mäuse werden 30 Tage beobachtet.

Als Kontrolle wird das Serum, das vor der Immunisierung den Affen entnommen wurde, mit angesetzt, da gefunden wurde, daß gelegentlich normales Affenserum den mäuseadaptierten Lansing-Stamm in unverdünntem Zustand unspezifisch neutralisiert.

Isolierung des Virus durch Verimpfung von Stuhl auf Gewebekulturen.

Es kann verschiedenes Gewebe verwendet werden. Muskel-Haut-Bindegewebe menschlicher Embryonen, die Uterusmuskulatur von Frauen vor dem Klimakterium, sowie Nieren und Hoden von Affen sind geeignet. Das frisch entnommene Gewebe wird mit einer Schere in wenig Hanks-Lösung-Ochsenserumultrafiltrat (3:1) zerkleinert, so daß die einzelnen Gewebestückchen nicht größer als 1 mm³ sind. Das Gewebe wird dann gewaschen und kann, in Hanks-Lösung-Ochsenserumultrafiltrat (3:1) aufgeschwemmt, etwa 2 Wochen bei + 4° C aufbewahrt werden.

Ansetzen der Gewebekulturen. Es werden 18×180 mm-Reagensgläser mit geradem Rand verwendet. Auf den Boden des Glases werden 2 Tropfen Hühnerplasma gegeben und mit einer Capillarpipette gleichmäßig in der unteren Hälfte des Röhrchens verteilt. Mit einer weiten Capillarpipette werden nun an die Wand des Glases etwa 10—12 Gewebestückchen gebracht und in der dünnen Plasmaschicht gleichmäßig verteilt. Zwei Tropfen Hühnerembryonalextrakt werden auf den Boden des Glases gegeben und das Glas so gedreht, daß der Extrakt mit allen Gewebestückchen in Berührung kommt. Hat sich ein Plasmacoagulum gebildet, so wird 2 ml Nährmedium zugesetzt und das Röhrchen in der Trommel des Rollkulturapparates bei + 35° C mit 10—12 Umdrehungen je Stunde gedreht.

Enders verwendet für Uterusgewebe ein Nährmedium, das aus 70% Hanks-Lösung-Ochsenserumultrafiltrat (3:1), 20% Pferdeserum (inaktiviert 56° C, 30 min) und 10% Rinderembryonalextrakt zusammengesetzt ist. Dieses Nährmedium wird nur so lange verwendet, bis ein gutes Wachstum der Fibroblasten erfolgt ist. Vor der Beimpfung mit der Virussuspension wird ein Medium zugesetzt, das aus 85% Hanks-Lösung-Ochsenserum-Ultrafiltrat (3:1), 5% Pferdeserum (inaktiviert 56° C, 30 min) und 10% Rinderembryonalextrakt besteht. Letzteres Nährmedium wird auch für die Züchtung des Muskel-Haut-Bindegewebes menschlicher Embryonen verwendet. Ein weiteres ausgezeichnetes Nährmedium besteht aus 80—90% Rinderamnionflüssigkeit, 5—10% Rinderembryonalextrakt und 5% Pferdeserum. Alle Nährmedien enthalten 50—100 E Penicillin und 50 µg Streptomycin je Milliliter. Die Nährflüssigkeit wird alle 2 Tage erneuert, eine gute Kontrolle des p_H bietet das zugesetzte Phenolrot. Ein gutes Fibroblastenwachstum ist nach etwa 4—6 Tagen bei dem embryonalen Muskel-Haut-Bindegewebe und nach 7—10 Tagen bei der Uterusmuskulatur sichtbar. Die Kulturen werden bei etwa 100facher Vergrößerung mikroskopisch untersucht und für die Beimpfung nur solche verwendet, die ein ausreichendes Fibroblastenwachstum zeigen.

Herstellung der Stuhlsuspension. Eine 10 % ige Stuhlsuspension wird in einem Phosphatpuffer (p_H 7,2), der 500 E Penicillin und 500 μg Streptomycin je Milliliter enthält, hergestellt. Die Suspension wird bei 4000 Umdrehungen je Minute in einer Winkelzentrifuge zentrifugiert, der klare Überstand abgesaugt und hiermit die Gewebekulturen beimpft. Mit jeder Stuhlprobe werden 3 Kulturen beimpft, jedes Röhrchen erhält 0,1 ml der Stuhlsuspension. Nach etwa 1 Std wird die Nährmedium-Stuhlaufschwemmung abgesaugt und das Gewebe mit reiner Nährflüssigkeit gewaschen. Dann wird das Gewebe wiederum mit einer frischen Stuhlsuspension beimpft, die nach etwa 1 Std. wieder entfernt wird. Die Beimpfung mit einer jeweils frischen Stuhlsuspension kann 4—6mal wiederholt werden.

Die Kulturen werden täglich beobachtet und etwaige Zellveränderungen registriert. Manche Stühle wirken toxisch, es bilden sich Granula im Plasma der Fibroblasten, die Zellen schrumpfen, das Wachstum sistiert. Diese toxisch bedingten Veränderungen zeigen sich schon in den ersten 48 Std nach der Beimpfung, während die Zellveränderungen, die durch das Poliomyelitisvirus hervorgerufen werden, meist später als 72 Std auftreten. Die Cytopathogenität des Poliomyelitisvirus zeigt sich in einer starken Granulierung des Plasmas. Es treten bizarre Zellformen auf, die Fibroblasten zeigen nicht mehr die schlanke spindelige Form, sondern sind abgerundet. Diese Zellveränderungen müssen von denen abgegrenzt werden, die auch in den nichtbeimpften Kontrollen vorkommen und mit zunehmendem Alter der Kultur auftreten. Durch die tägliche Beobachtung der Kultur ist die Unterscheidung zwischen toxischer Degeneration, durch Poliomyelitisvirus hervorgerufenen Zellveränderungen und altersbedingter Degeneration meist möglich. Alle Kulturen werden bei 2tägigem Wechsel des Nährmediums 20 Tage beobachtet.

Zeigen sich Zellveränderungen, die verdächtig sind durch das Poliomyelitisvirus bedingt zu sein, so wird die Nährflüssigkeit von mehreren Tagen gesammelt, zusammengegeben und hiermit frische Kulturen in gleicher Weise beimpft.

Eine Schwierigkeit in der Haltung der Gewebekulturen besteht in der Auflösung des Plasmacoagulums durch die wachsenden Zellen. Es kann entweder jeweils die Plasmaschicht erneuert werden oder der Nährflüssigkeit wird ein aus Sojabohnen gewonnener Trypsininaktivator zugesetzt (FISCHER).

Typendifferenzierung in der Gewebekultur.

Durch spezifische Immunsera wird der cytopathogene Effekt des Virus aufgehoben. Das Nährmedium positiver bzw. verdächtiger

Kulturen wird mit einer gleichen Menge entsprechend verdünnten Affen-
immunserums versetzt und 1 Std bei $+4^0$ C gehalten. Es werden jeweils
die 3 Immunsera der Standardstämme angesetzt. Je 3 Gewebekulturen
werden mit 0,1 ml der Nährmedium-Immunserummischung beimpft und
20 Tage beobachtet. Das homologe Antiserum neutralisiert das Virus,
während bei den mit den heterologen Immunsera versetzten Kulturen
die pathologischen Zellveränderungen auftreten.

Serologische Diagnose durch den Nachweis spezifischer Antikörper.

Nachweis neutralisierender Antikörper in der Gewebekultur. Fallende
Serumverdünnungen aus verschiedenen Krankheitsphasen werden mit
einer gleichen Menge 100 infektiöser Einheiten (Gewebekultur-Ein-
heiten) versetzt, 1 Std bei $+4^0$ C gehalten und mit jeder Serumver-
dünnung-virushaltiger Nährflüssigkeit 3 Gewebekulturen beimpft. Die
Ablesung der Reaktion erfolgt, wenn die Kontrollen ausgesprochene
Zelldegenerationen aufweisen.

Nachweis komplementbindender Antikörper. Aus infizierten Gewebekulturen sind Antigene für die Komplementbindungsreaktion hergestellt
worden.

Literatur.

BODIAN, D.: The virus, the nerve cell and paralysis. Bull. Hopkins Hosp.
83, 1 (1948).   BODIAN, D., and M. C. CUMBERLAND: The rise and decline of
poliomyelitis virus levels in infected nervous tissue. Amer. J. Hyg. **45**, 226 (1947). —
BODIAN, D., and H. A. HOWE: Experimental non paralytic poliomyelitis: frequency
and range of pathological involvement. Bull. Hopkins Hosp. **76**, 1 (1945). —
BURNET, F. M., and J. MACNAMARA: Immunological differences between strains
of poliomyelitis virus. Brit. J. Exper. Path. **12**, 57 (1931).
Committee on nomenclature of the ,,National Foundation for Infantile Paralysis'':
A proposal provisional defination of poliomyelitis virus. Science (Lancaster, Pa.)
108, 701 (1948). — *Committee on typing of the ,,National Foundation for Infantile
Paralysis'':* Immunologie classification of poliomyelitis viruses. Amer. J. Hyg.
54, 191 (1951).
ENDERS, J. F.: General preface to studies on the cultivation of poliomyelitis
viruses in tissue culture. J. of Immun. **69**, 639 (1952).
FISCHER, A.: The application of soybean inhibitor in tissue culture. Science
(Lancaster, Pa.) **109**, 611 (1949). — FISHBEIN, M.: A Bibliography of infantile
paralysis 1789—1949. Philadelphia: J. B. Lippincott 1951. — FLEXNER, S.:
The contribution of experimental to human poliomyelitis. J. Amer. Med. Assoc.
55, 1105 (1910).
HEINE, J.: Beobachtungen über Lähmungszustände der unteren Extremitäten
und deren Behandlung. Stuttgart: F. H. Köhler 1840. — HORSTMANN, D. M.,
J. L. MELNICK and H. A. WENNER: The isolation of poliomyelitis virus from
human extra-neural sources. J. Clin. Invest. **25**, 270, 275, 278, 284 (1946). —
HOWE, H. A., and D. BODIAN: Untreated human stools as a source of poliomyelitis
virus. J. Inf. Dis. **66**, 198 (1940). — HOWE, H. A., D. BODIAN and H. A. WENNER:
Further observations on the presence of poliomyelitis virus in the human oro-
pharynx. Bull. Hopkins Hosp. **76**, 19 (1945).

JUNGEBLUT, C. W., and M. A. STEVENS: Attempts to isolate poliomyelitis virus from the paralyzed muscle of patients during the acute stage of the disease. Amer. J. Clin. Path. 20, 701 (1950).

LANDSTEINER, K., u. E. POPPER: Übertragung der Poliomyelitis auf Affen. Z. Immun.forsch. 2, 377 (1909). — LEDINKO, N., J. T. RIORDAN and J. L. MEL-NICK: Multiplication of poliomyelitis viruses in tissue cultures of monkey testes. Amer. J. Hyg. 55, 323 (1952). — LI, C. P., and K. HABEL: Adaptation of Leon strain of poliomyelitis to mice. Proc. Soc. Exper. Biol. a. Med. 78, 233 (1951).

MEDIN, O.: Über eine Epidemie von spinaler Kinderlähmung. Verh. 10. Internat. Med.-Kongr., Berlin 1890. — MELNICK, J. L.: The ultracentrifuge as an aid in the detection of poliomyelitis virus. J. of Exper. Med. 77, 195 (1943). — Poliomyelitis virus in urban sewage in epidemic and in nonepidemic times. Amer. J. Hyg. 45, 240 (1947).

PAUL, I. R., and J. D. TRASK: A comparative study of recently isolated human strains and a passage strain of poliomyelitis virus. J. of Exper. Med. 58, 513 (1933).

RHODES, A. J., E. M. CLARK, D. S. KNOWLES, F. SHIMADA, A. M. GOOD-FELLOW, R. C. RITCHIE, W. L. DONOHUE: Poliomyelitis in urban sewage. Canad. J. Publ. Health 41, 248 (1950). — RIORDAN, J. T., N. LEDINKO and J. L. MEL-NICK: Multiplication of poliomyelitis viruses in tissue cultures of monkey testes. Amer. J. Hyg. 55, 339 (1952). — ROBBINS, F. C., TH. H. WELLER and J. F. ENDERS: Studies on the cultivation of poliomyelitis viruses in tissue culture. II. The propagation of the poliomyelitis viruses in roller tube cultures of various human tissues. J. of Immun. 69, 673 (1952).

SABIN, A. B., and P. K. OLITSKY: Cultivation of poliomyelitisvirus in vitro in human embryonic nervous tissue. Proc. Soc. Exper. Biol. a. Med. 34, 357 (1936). — SALK, J. E., L. J. LEWIS, J. S. YOUNGNER and B. L. BENNETT: The use of adjuvants to facilitate studies on immunologic classification of poliomyelitis viruses. Amer. J. Hyg. 54, 157 (1951). — SMITH, W. M., V. C. CHAMBERS and C. A. EVANS: Growth of neutropic viruses in extraneural tissues. IV. Poliomyelitis virus in human testicular tissue in vitro. Proc. Soc. Exper. Biol. a. Med. 76, 696 (1951).

WELLER, T. H., F. C. ROBBINS and J. F. ENDERS: Cultivation of poliomyelitis virus in cultures of human foreskin and embryonic tissue. Proc. Soc. Exper. Biol. a. Med. 72, 153 (1949). — WELLER, TH. H., ENDERS, F. C. ROBBINS and M. B. STODDARD: Studies on the cultivation of poliomyelitis viruses in tissue culture. I. The propagation of poliomyelitis viruses in suspended cell cultures of various human tissues. J. of Immun. 69, 645 (1952).

YOUNGNER, J. S., L. J. LEWIS, E. N. WARD and J. E. SALK: Studies on poliomyelitis viruses in cultures of monkey testicular tissue. Amer. J. Hyg. 55, 347 (1952). — YOUNGNER, I. S., E. N. WARD and J. E. SALK: Studies on poliomyelitis viruses in cultures of monkey testicular tissue. Amer. J. Hyg. 55, 291, 301 (1952).

8. Die Coxsackievirusgruppe.

Im Jahre 1947 konnten DALLDORF und SICKLES bei einer kleinen Poliomyelitisepidemie in der Ortschaft Coxsackie im Staate New York aus 2 Stuhlproben ein Virus isolieren, das selektiv pathogen für saugende Mäuse und Hamster ist. Die beiden Patienten, bei denen das Virus isoliert wurde, zeigten klinisch das Bild einer paralytischen Poliomyelitis und es konnte bei ihnen außerdem Poliomyelitisvirus aus dem Stuhl isoliert werden. In der Folgezeit wurden in den verschiedensten Ländern bei unterschiedlichen Krankheitsbildern Viren isoliert, die gleichfalls eine ausschließliche Pathogenität für saugende Mäuse und Hamster aufwiesen.

Die Viren der Coxsackiegruppe sind weit verbreitet und neutralisierende Antikörper sind im Serum gesunder Kinder und Erwachsener nachgewiesen worden.

Stammverschiedenheiten.

DALLDORF hat die bisher isolierten Stämme in 2 Gruppen, A und B, eingeteilt. Die Gruppe A umfaßt mindestens 10 in ihrer Antigenstruktur verschiedene Typen, während bei der Gruppe B bis jetzt 4 Typen gefunden wurden.

Klinisches Krankheitsbild.

Herpangina (Typ A), Bornholmer Krankheit (Typ B), „Sommergrippe". Etwaige Beziehungen der Coxsackievirusgruppe zur Poliomyelitis sind nicht geklärt.

Untersuchungsmaterial für die Laboratoriumsdiagnose.

1. Erregernachweis. Stuhl soll zu einem möglichst frühen Zeitpunkt nach Krankheitsbeginn entnommen werden. Bei der Herpangina kann das Virus sowohl im Stuhl als auch im Rachenabstrich nachgewiesen werden.

2. Serologische Diagnose. Blutsera aus der akuten Krankheitsphase und der Rekonvaleszenz können mittels der Neutralisationsreaktion auf ein Ansteigen der Antikörper geprüft werden.

Isolierung des Virus.

Der Stuhl wird möglichst sofort nach der Entleerung in eine PETRI-Schale gegeben, die mit Paraffin luftdicht verschlossen wird und in einem Thermosgefäß, das mit Trockeneis beschickt ist, bis zur weiteren Verarbeitung aufbewahrt. Das Virus bleibt in dem bei -70^0 C gefrorenen Stuhl monatelang virulent. Zur Verimpfung wird eine 10—20%ige Suspension in Bouillon-Phosphatpuffer durch Zerreiben des Stuhls in einem Mörser hergestellt. Die Stuhlsuspension wird 10 min bei 3000 Umdrehungen je Minute zentrifugiert und der Überstand mit Penicillin und Streptomycin versetzt, so daß 500 E Penicillin G krist. und 2,5 mg Streptomycin je Milliliter als Endkonzentration vorhanden sind. Die Suspension wird 16—18 Std bei $+4^0$ C gehalten, dann eine Sterilitätsprobe entnommen.

Rachenabstrichtupfer werden in 1 ml Bouillon-Phosphatpuffer im Mörser ausgewaschen und mit Penicillin und Streptomycin versetzt.

Gurgelflüssigkeit: 5—10 ml Gurgelflüssigkeit (Bouillon-Phosphat-puffer) wird bei —70⁰ C aufbewahrt. Nach dem Auftauen wird sie bei 3000 Umdrehungen je Minute 10 min zentrifugiert und dem Überstand Penicillin und Streptomycin zugesetzt.

Das Material wird saugenden Mäusen, die nicht älter als 48 Std sind, verimpft. Mit jeder Probe werden 3 Mäusegruppen zu je 6—8 Tieren geimpft. Eine Gruppe wird subcutan (0,03 ml), eine intraperitoneal (0,05 ml) und eine intracerebral (0,02 ml) infiziert. Zur Kontrolle können 10—12 g Mäuse gleichzeitig intracerebral und intraperitoneal geimpft werden.

Die Beobachtungszeit erstreckt sich auf 14 Tage; die Inkubations-zeit beträgt im Mittel 2—13 Tage, bei Stämmen der Gruppe A 3—5 Tage, bei Stämmen der Gruppe B 6—9 Tage. Längere wie kürzere Inkubations-zeiten sind bei beiden Gruppen beobachtet worden.

Enthält das Untersuchungsmaterial Virus der Gruppe A, so zeigen die Tiere eine Schwäche sowie schlaffe Lähmungen der Extremitäten-muskulatur ohne Zeichen einer Encephalitis. Die Tiere bleiben in ihrer Entwicklung zurück und sterben oft innerhalb 48 Std nach dem Auf-treten der Lähmungen. Die Erscheinungen, welche die Viren der Gruppe B hervorrufen, sind uncharakteristischer. Oft zeigt nur ein einziges Tier des Wurfes allgemeine Schwäche, Tremor ist häufig, generalisierte Spasmen und Lähmungen werden beobachtet. Cyanose und Dyspnoe werden öfter gesehen. Die Tiere können oft 10 Tage und länger überleben.

Erkranken Tiere, so wird das Gehirn und Muskelskelett gewonnen und weiteren Mäusen verimpft. Ein Teil wird in 50%igen Glycerinpuffer bei + 4⁰ C aufbewahrt und ein Teil histologisch untersucht.

Die Maus-Maus-Passagen werden fortgeführt bis der Stamm eine gleichmäßige Virulenz zeigt.

Infiziertes Gewebe, das in 50%igen Glycerin bei + 4⁰ C gehalten wird, bleibt mindestens 1 Jahr virulent. Virussuspensionen werden bei —70⁰ C aufbewahrt.

Identifizierung des Virus.

Da die Viren der Coxsackiegruppe ausschließlich für saugende Mäuse und Hamster pathogen sind, dürfen zur Kontrolle gleichzeitig geimpfte ausgewachsene Tiere keine Krankheitserscheinungen zeigen. Die Krankheitserscheinungen der Tiere geben meist schon Hinweise, zu welcher Gruppe der isolierte Stamm gehört. Die Einteilung in die Gruppe A oder B erfolgt nach dem histologischen Befund. Bei Infek-tionen mit Viren der Gruppe A zeigt die quergestreifte Muskulatur eine diffuse hyaline Degeneration und Fragmentation. Um die Muskelfragmente besteht eine Infiltration und Proliferation mesenchymaler Zellen. Die histologischen Veränderungen sind auf die Skelettmuskulatur beschränkt, jedoch kann in geringem Ausmaß auch die Herzmuskulatur betroffen sein. Die Muskelveränderungen, welche die Viren der Gruppe B hervorrufen, entsprechen denen der Gruppe A, sie sind indessen nur fokal und nicht so ausgebreitet wie erstere. Außerdem findet sich hier eine akute Encephalomyelitis mit Bevorzugung des Hirnstammes, Nekrobiosen und fokalen Encephalomalacien. Das Fettgewebe, besonders das Fett zwischen den Schulterblättern, zeigt nekrotische Bezirke mit leicht entzündlicher Reaktion. Parenchymatöse Degeneration der Leber und Nekrose der Acini des Pankreas sind bei einigen Stämmen gefunden worden.

Die Eingliederung in die einzelnen Typen kann durch die Neutralisationsreaktion erfolgen.

Nach mehreren Passagen und Bestimmung des infektiösen Titers der Virussuspension wird der unbekannte Stamm (100—1000 ID 50) mit fallenden Immunserumverdünnungen der verschiedenen Typen angesetzt und saugenden Mäusen verimpft. Das Immunserum, das dem unbekannten Stamm entspricht, verhindert noch in hohen Verdünnungen die Infektion.

Die Immunsera werden durch Immunisierung 5—6 Wochen alter Mäuse oder ausgewachsener Hamster gewonnen. Die Tiere werden mit einer Muskel- oder Gehirnsuspension der Standardstämme infiziert. Mäuse erhalten 4 intraperitoneale Injektionen einer aktiven 10%igen Virussuspension des betreffenden Typs in 5—6tägigen Intervallen. Die Injektionsmenge kann zwischen 0,5 und 2,0 ml liegen. Hamster erhalten 1,0—3,0 ml. 7—10 Tage nach der letzten Injektion werden die Tiere entblutet und das zusammengegebene Serum im Neutralisationstest gegen den verimpften Standardstamm zur Kontrolle angesetzt und der Antikörpergehalt des Immunserums bestimmt. Gleichzeitig sollen etwaige Kreuzreaktionen des Immunserums ermittelt werden. Die Ergebnisse der Neutralisationsreaktion sind in der Regel eindeutig, bisher beobachtete Kreuzreaktionen sind im Vergleich zu der spezifischen Reaktion nur geringfügig.

Wird mit den Standardimmunsera keine Neutralisation des isolierten Stammes erzielt, so werden Immunsera von diesem hergestellt und gegen die Standardstämme und den homologen Stamm angesetzt.

Schwierigkeiten entstehen, wenn Doppelinfektionen vorliegen; es gelingt oft einen Stamm durch homologes Immunserum zu neutralisieren.

Serologische Diagnose durch den Nachweis spezifischer Antikörper.

Die serologische Diagnose ist durch die Vielzahl der Stämme erschwert, wie auch dadurch, daß das Serum gesunder Kinder und

Erwachsener meist Antikörper gegen verschiedene Typen enthält. Es kann somit nur ein Ansteigen der Antikörper im Ablauf der in Frage stehenden Erkrankung beweisend sein. Zur Neutralisationsreaktion werden fallende Serumverdünnungen je eines Serums aus der akuten Krankheitsphase und der Rekonvaleszenz gegen 100 ID 50 der verschiedenen Typen angesetzt. Die Neutralisationsreaktion ist von besonderer Bedeutung bei den Krankheitsfällen, in welchen die Isolierung eines Stammes gelang, um nachzuweisen, daß es auch zu einer Antikörperbildung gegen den isolierten Stamm gekommen ist. Die Komplementbindungsreaktion, die mit den Stämmen der Gruppe A möglich ist, erlaubt nicht die scharfe Stammunterscheidung wie die Neutralisationsreaktion.

Literatur.

BEEMAN, E. A., and R. J. HUEBNER: Evaluation of serological methods for demonstrating antibody responses to group A Coxsackie (Herpangina) viruses. J. of Immun. **68**, 663 (1952). — BEEMAN, E. A., R. J. HUEBNER and R. M. COLE: Studies of Coxsackie viruses. Laboratory aspects of group A viruses. Amer. J. Hyg. **55**, 83 (1952).

DALLDORF, G., G. M. SICKLES, H. PLAGER and R. GIFFORD: A virus recovered from the faeces of „poliomyelitis" patients pathogenic for suckling mice. J. of Exper. Med. **89**, 567 (1949).

GIFFORD, R., and G. DALLDORF: The morbid anatomy of experimental Coxsackie virus infection. Amer. J. Path. **27**, 1047 (1951).

HOWITT, B. F.: Recovery of the Coxsackie group of viruses from human sources. Proc. Soc. Exper. Biol. a. Med. **73**, 443 (1950). — HUEBNER, R. J., R. M. COLE, E. A. BEEMAN, J. A. BELL and I. H. PEERS: Herpangina. Etiological studies of a specific infectious disease. J. Amer. Med. Assoc. **145**, 628 (1951).

KLÖNE, W.: Untersuchungen über Antikörper gegen Coxsackie-Virus. Dtsch. med. Wschr. **1952**, 181.

MELNICK, J. L., and N. LEDINKO: Immunological reactions of the Coxsackie viruses. J. of Exper. Med. **92**, 463, 483, 499 (1950).

VIVELL, O., u. J. SCHAIRER: Typenbestimmungsversuche bei in Deutschland isolierten Coxsackie-Virusstämmen. Arch. Virusforsch. **5**, 84 (1953).

WELLER, T. H., J. F. ENDERS, M. BUCKINGHAM and J. J. FINN: The etiology of epidemic pleurodynia: a study of two viruses isolated from a typical outbreak. J. of Immun. **65**, 337 (1950).

9. Die Columbia-SK-, MM-, EMC-, Mengo-Encephalomyelitis-Gruppe.

Das Columbia-SK-Virus wurde von JUNGEBLUT und SANDERS bei der Passage des Yale-SK-Stammes in Wollratten und Mäusen isoliert. Dieser Stamm ist von dem Original-SK-Stamm, der in fortlaufenden Affenpassagen gehalten wurde, verschieden. Der Original-Yale-SK-Stamm konnte ebenfalls an Wollratten und Mäuse adaptiert werden und entspricht dem Lansing-Typ des Poliomyelitisvirus. Zwischen dem Yale-SK- und dem Columbia-SK-Stamm bestehen keine serologischen

Beziehungen. Es wird angenommen, daß es sich bei dem Columbia-SK-Stamm um ein murines Virus handelt, das zu dem verimpften Ausgangsstamm in keiner Beziehung steht. Mäuse sind für das Columbia-SK-Virus sehr empfänglich und können auch oral, mit dem Trinkwasser, infiziert werden.

Das MM-Virus wurde von JUNGEBLUT und DALLDORF aus dem Gehirn eines Hamsters isoliert. Das Tier starb 19 Tage nach der Verimpfung von Hirnmaterial eines Poliomyelitiskranken. Das Virus ist für Mäuse, Wollratten und Hamster pathogen. Zu dem THEILER-Virus oder dem Lansing-Typ des Poliomyelitisvirus bestehen keine serologischen Beziehungen. Während das Ausgangsmaterial des Patienten MM affenpathogenes Poliomyelitisvirus enthielt, ist es bemerkenswert, daß das aus dem Hamsterhirn isolierte Virus nicht affenpathogen war. Auch hier wird angenommen, daß das MM-Virus ein primär murines Virus ist.

HELWIG und SCHMIDT isolierten 1944 durch Verimpfung von Milz- und Pleuraexsudat eines spontan erkrankten Schimpansen auf Mäuse das Encephalomyokarditisvirus.

Das Mengo-Virus wurde durch Verimpfung von Liquor und Hirnmaterial eines spontan erkrankten Rhesusaffen auf Mäuse in Entebbe, Uganda (Afrika) von DICK, BEST, HADDOW und SMITHBURN im Jahre 1946 isoliert. Das Virus konnte ebenfalls in Stechmücken nachgewiesen werden.

Das Columbia-SK-Virus, das MM-Virus, das EMC- und das Mengo-Virus bilden eine Gruppe. Sie sind immunologisch und serologisch nicht zu unterscheiden. Zu den verschiedenen Typen der Poliomyelitisviren bestehen keine Beziehungen.

Die Viren dieser Gruppe agglutinieren in der Kälte Hammelerythrocyten. Durch Immunserum kann die Hämagglutination in spezifischer Weise gehemmt werden.

Durch spezifische Immunsera werden die Viren neutralisiert.

Von WARREN, SMADEL und RUSS werden die Viren dieser Gruppe als primär murine Stämme angesehen, die nur selten den Menschen befallen. Es sind nur vereinzelt menschliche Erkrankungen beschrieben, in deren Ablauf es zu einem signifikanten Anstieg der Antikörper gekommen ist („Dreitagefieber" bei Soldaten in Manila verursacht durch EMC-Virus sowie eine Laboratoriumsinfektion mit dem Mengo-Virus).

Stämme, die vielleicht in Beziehung zu dieser Virusgruppe stehen, wurden in Deutschland bei örtlichen, meist ländlichen Epidemien in mehreren Jahren wiederkehrend isoliert.

Literatur.

BIELING, R.: Weitere Untersuchungen über virusbedingte Encephalomyelitis des Menschen. Wien. med. Wschr. **1952**, 106.

DICK, G. W. A.: Mengo encephalomyelitis; a hitherto unknown virus affecting man. Lancet **1948**, 286. — DICK, G. W. A., K. C. SMITHBURN and A. J. HADDOW: Mengo-encephalomyelitis virus: isolation and immunological properties. Brit. J. Exper. Path. **29**, 547 (1948).

GARD, S., and L. HELLER: Hemagglutination by Col-MM-virus. Proc. Soc. Exper. Biol. a. Med. **76**, 68 (1951).

HALLAUER, C.: Die Haemagglutination muriner Poliomyelitisstämme. Arch. Virusforsch. (Wien) **4**, 224 (1951). — HELWIG, F. C., and E. C. H. SCHMIDT: A filter passing agent producing interstitial myocarditis in anthropoid apes and small animals. Science (Lancaster, Pa.) **102**, 31 (1945). — HORVATH, B., C. W. JUNGEBLUT: Studies on hemagglutination by Columbia SK virus. J. of Immun. **68**, 627 (1952).

JUNGEBLUT, C. W., and G. DALLDORF: Epidemiological and experimental observations on the possible significance of rodents in a suburban epidemic of poliomyelitis. Amer. J. Publ. Health **33**, 169 (1943). — JUNGEBLUT, C. W., and M. SANDERS: Studies of a murine strain of poliomyelitis virus in cotton rats and white mice. J. of Exper. Med. **72**, 407 (1940).

SMADEL, J. E., and J. WARREN: The virus of encephalomyocarditis and its apparent causation of diesease in man. J. Clin. Invest. **26**, 1197 (1947).

WARREN, J., J. E. SMADEL and S. B. RUSS: The family relationship of encephalomyocarditis, Col-SK-, MM- and Mengo encephalomyelitis viruses. J. of Immun. **62**, 387 (1949).

10. Das Herpes simplex-Virus.

Das Virus wurde 1912 von GRÜTER (Herpes corneae) und 1919 von LÖWENSTEIN (Herpes febrilis) erfolgreich auf die Kaninchencornea übertragen. DOERR und Mitarbeiter fanden 1920, daß das Herpesvirus beim Kaninchen nach cornealer und intravenöser Verimpfung eine Encephalitis hervorrufen kann. Von DOERR und LEVADITI wurde angenommen, daß das Herpesvirus der Erreger der Economo-Encephalitis sei, da es aus dem Zentralnervensystem und dem Liquor an dieser Krankheit Verstorbener mehrfach isoliert werden konnte. Diese Anschauungen wurden in der Folgezeit jedoch nicht bestätigt.

Aus dem Mundspülwasser von Kindern, die mit einer akuten aphtösen Gingivostomatitis erkrankt waren, konnten DODD, BUDDINGH und JOHNSTON das Herpesvirus in fast allen Fällen isolieren.

Bei etwa 80% der Jugendlichen und Erwachsenen können im Serum Antikörper gegen das Herpes simplex-Virus nachgewiesen werden.

Stammverschiedenheiten.

Die einzelnen Stämme sind für die Versuchstiere unterschiedlich pathogen. Manche Stämme rufen fast regelmäßig nach cornealer Verimpfung bei dem Kaninchen eine Encephalitis hervor. Die Menschen-, Kaninchen- oder Mäusepathogenität steht in keiner Beziehung zueinander.

Es sind keine Unterschiede in der Antigenstruktur der einzelnen Stämme bekannt.

Klinisches Krankheitsbild.

Die herpetischen Erkrankungen können in 2 Gruppen eingeteilt werden: in primäre und rekurrierende. Die primären Erkrankungen treten bei Personen auf, in deren Serum keine Antikörper vorhanden sind, während bei den rekurrierenden Erkrankungen das Blut Antikörper enthält. Erstere verlaufen klinisch oft schwer und sind durch eine Allgemeininfektion gekennzeichnet.

Die Infektionen mit dem Herpesvirus verlaufen klinisch unter dem Bild des Herpes simplex (labialis, genitalis; febrilis), des rekurrierenden Herpes und des Herpes conjunctivae und corneae. Die akute Gingivostomatitis der Kinder, die Meningoencephalitis und die Pustulosis vacciniformis acuta sind oft primäre Infektionen.

Untersuchungsmaterial für die Laboratoriumsdiagnose.

1. Erregernachweis. Bläscheninhalt der Eruptionen, Cornealabstriche, Mundspülwasser, Blut, Liquor.

Der Nachweis des Virus im Zentralnervensystem gelang mehrfach.

2. Serologische Diagnose. Blutsera aus der akuten Krankheitsphase und der Rekonvaleszenz können mittels der Neutralisationsreaktion und der Komplementbindungsreaktion auf ein Ansteigen der Antikörper geprüft werden.

Isolierung des Virus.

Da das Herpesvirus auch von gesunden Personen isoliert werden konnte, soll der Erregernachweis durch die serologische Diagnose gestützt werden.

Das Untersuchungsmaterial kann Kaninchen corneal verimpft werden. Die Verimpfung auf die Chorioallantoismembran des bebrüteten Hühnereies ist ungefähr gleich empfindlich wie die auf die Kaninchencornea. Saugende, 24 Std alte Mäuse sind für das Virus sehr empfänglich.

Bei Kaninchen, die mit dem Virus corneal geimpft werden, entwickelt sich 24 Std bis 8 Tage nach der Infektion eine Keratoconjunctivitis. Während bei einem Teil der Stämme das Krankheitsbild hiermit erschöpft ist, rufen andere Stämme nach verschieden langem Intervall (6—21 Tage) eine Encephalitis hervor (keratogene Encephalitis). Zum Nachweis der Einschlußkörperchen in der Cornea muß diese entnommen werden, sobald sich eine Keratitis und Conjunctivitis entwickelt hat, da in diesem frühen Stadium die maximale Zahl der Einschlußkörperchen nachweisbar ist.

Wird das Virus Kaninchen intracerebral verimpft, so können die Tiere 24—72 Std nach der Infektion einen Temperaturanstieg über

40⁰ C zeigen, der mehrere Tage anhält. Es kann dies die einzige Krankheitsmanifestation sein. Die Tiere können auch plötzlich im Anschluß an das Fieber, ohne vorher encephalitische Krankheitssymptome gezeigt zu haben, sterben. Andererseits kann es zu einer Encephalitis kommen. Die Tiere zeigen einen allgemeinen Tremor, Manegebewegungen, Trismen, Speichelfluß, Zähneknirschen, Drehung des Kopfes nach der Seite der Impfung, klonische Krämpfe, eventuell auch Lähmungen. Da die Infektion sich nur durch einen Temperaturanstieg anzeigen kann, ist in diesen Fällen der Antikörpernachweis im Serum der infizierten Tiere von Bedeutung. Es werden 2 Sera im Neutralisationstest miteinander verglichen. Das erste Serum wird vor der Impfung, das zweite nach etwa 4—5 Wochen entnommen. Regelmäßige, in Abständen vorgenommene Untersuchungen des durch Cysternalpunktion gewonnenen Liquors sind von großem Wert.

Das Untersuchungsmaterial kann auch direkt auf die Chorioallantoismembran 12—13 Tage bebrüteter Hühnereier verimpft werden. Die beimpften Eier werden 48—72 Std bei +35⁰ C nachbebrütet. Frisch isolierte Stämme rufen oft in den ersten Passagen keine sicheren morphologischen Veränderungen hervor und es müssen 3 oder mehr Passagen durchgeführt werden, ehe das Virus an die Chorioallantoismembran adaptiert ist.

Kilbourne und Horsfall wiesen auf die Empfänglichkeit der saugenden Maus für das Herpesvirus hin. 24 Std alte Tiere, die auf intraperitonealem Weg infiziert wurden, zeigten Überregbarkeit, Cyanose, Atemnot und teilweise spastische Lähmungen. Die Tiere starben 5—6 Tage nach der Infektion.

Die Adaptation der isolierten Stämme an ausgewachsene Mäuse ist möglich. Das Passagematerial, z. B. die Nickhaut des Kaninchens, das Gehirn infizierter saugender Mäuse oder Aufschwemmungen der infizierten Chorioallantoismembran werden 10—12 g Mäusen intracerebral verimpft. Die Mäuse zeigen bei einem Angehen der Infektion Symptome einer Meningoencephalitis, Tremor und Krämpfe.

Das Herpes simplex-Virus kann in infiziertem Hirngewebe in 50%igem Glycerin bei + 4⁰ C oder auch bei —70⁰ C monatelang ohne Virulenzeinbuße aufbewahrt werden. Virusinfizierte Eiflüssigkeit bzw. Chorioallantoismembran kann in 50% entrahmter Milch monatelang bei —20⁰ C oder —70⁰ C ohne wesentlichen Virulenzverlust gehalten werden.

Identifizierung des Virus.

Bei Verimpfung des Virus auf die Kaninchencornea bilden sich intranucleäre Einschlußkörperchen, die charakteristisch sind. Ebenso können Einschlußkörperchen in den Epithelzellen der Chorioallantoismembran nachgewiesen werden, wenn diese 18—24 Std nach der Infektion untersucht wird. Durch spezifisches Immunserum wird das Virus inaktiviert; immunisierte Tiere zeigen keine Krankheitserscheinungen bei einer Reinfektion.

Serologische Diagnose durch den Nachweis spezifischer Antikörper.

Neutralisierende Antikörper können im Mäuseversuch nachgewiesen werden. Mit Herpesvirus intracerebral infizierte Tiere werden an dem Tag, an welchem die ersten Krankheitserscheinungen auftreten, getötet und die gesammelten Gehirne zu einer Suspension verarbeitet. Nach Austitrierung dieser Vorratssuspension wird von ihr eine fallende Verdünnungsreihe hergestellt und verschiedene Verdünnungsstufen mit einer gleichen Menge des zu prüfenden unverdünnten Serums versetzt. Je 6 Mäuse erhalten 0,03 ml der Virus-Serum-Mischung jeder Verdünnungsstufe intracerebral injiziert. Die Tiere werden 21 Tage beobachtet. Die Neutralisationsreaktion gibt gute Ergebnisse, wenn junge, etwa 14 Tage alte Tiere verwendet werden. Sehr genaue Titerbestimmungen erlaubt die Neutralisationsreaktion bei Verwendung saugender Mäuse.

Durch die Möglichkeit Antigene für die Komplementbindungsreaktion aus den extraembryonalen Flüssigkeiten des infizierten Hühnerembryos sowie aus der infizierten Chorioallantoismembran zu gewinnen (HAYWARD), ist die serologische Diagnose der Herpesinfektion sehr vereinfacht worden. Die mit der Komplementbindungsreaktion erzielten Ergebnisse entsprechen denen der Neutralisationsreaktion.

Als Kontrollserum wird Immunserum von Meerschweinchen verwendet. Die Tiere erhalten in Abständen von 5—6 Tagen insgesamt 8 intraperitoneale Verimpfungen einer 10%igen infizierten Mäusehirnsuspension (0,5—1,0—2,0 ml).

Literatur.

DODD, K., L. M. JOHNSTON and G. J. BUDDINGH: Herpetic stomatitis. J. of Pediatrics **12**, 95 (1938). — DUDGEON, J. A.: A complement fixation test for herpes simplex infections. J. Clin. Path. **3**, 239 (1950).

FOWLER, M.: The demonstration of complement-fixing antibodies to herpes febrilis virus. Austral. J. Exper. Biol. a. Med. Sci. **28**, 339 (1950).

GAJDUSEK, D. C., M. L. ROBBINS and F. C. ROBBINS: Diagnosis of herpes simplex infections by the complement fixation test. J. Amer. Med. Assoc. **149**, 235 (1952). — GRÜTER, W.: Unveröffentlicht (1912).

HAYWARD, M. E.: Serological studies with herpex simples virus. Brit. J. Exper. Path. **30**, 520 (1949).

JAWETZ, E., and V. R. COLEMAN: Studies on herpes simplex virus. III. The neutralization of egg-adapted herpes virus by human sera in ovo. J. of Immun. **68**, 645 (1952).

KILBOURNE, E. C., and F. L. HORSFALL: Studies of herpes simplex virus in newborn mice. J. of Immun. **67**, 321 (1951).

Lipschütz, B.: Untersuchungen über die Ätiologie der Krankheiten der Herpes Gruppe. Arch. f. Dermat. **136**, 428 (1921). — Löwenstein, A.: Ätiologische Untersuchungen über den fieberhaften Herpes. Münch. med. Wschr. **1919**, 769.

Rose, H. M., and E. Molloy: Cutaneous reactions with the virus of herpes simplex. J. of Immun. **56**, 287 (1947).

Seidenberg, S.: Untersuchungen über das Herpes- und Zoster-Virus. Z. Hyg. **112**, 134 (1931). — Zur Ätiologie der Pustulosis vacciniformis acuta. Schweiz. Z. Path. u. Bakter. **4**, 398 (1941). — Speck, R. S., E. Jawetz and V. R. Coleman: Studies on herpes simplex virus. I. The stability and preservation of egg-adapted herpes simplex virus. J. Bacter. **61**, 253 (1951).

11. Influenza.

Smith, Andrewes und Laidlaw erbrachten im Jahre 1933 den Nachweis der Virusätiologie der Influenza. Sie erkannten die Empfänglichkeit des Frettchens für das Influenzavirus und es gelang ihnen mit Rachenspülflüssigkeit aus der akuten Krankheitsphase Frettchen intranasal zu infizieren. Francis und Magill isolierten unabhängig voneinander im Jahre 1940 einen anderen Virustyp. Beide Typen rufen gleichartige Krankheitsbilder hervor, sie sind aber in ihrer Antigenstruktur verschieden, so daß das 1940 isolierte Virus im Gegensatz zu dem Originalstamm — Typ A — als Typ B bezeichnet wurde. Taylor isolierte 1947 den Stamm 1233, der von den vorher isolierten Typen verschieden ist und als Typ C klassifiziert wurde.

Es sind viele Stämme isoliert worden, die in ihrer Antigenstruktur mehr oder weniger von den Standardstämmen abweichen. Eine weitere Schwierigkeit ist dadurch gegeben, daß Änderungen in der antigenen Struktur und der Pathogenität eines Stammes bei serienweiser Passage im Versuchstier oder im bebrüteten Hühnerei auftreten können.

Das Influenza A-Virus wurde zuerst von Smith auf der Chorioallantoismembran des bebrüteten Hühnereies gezüchtet. Die Impfung in die Amnionhöhle, wie sie heute zur Isolierung allgemein verwendet wird, wurde von Burnet 1940 angegeben. Hirst fand 1941, daß Hühnererythrocyten durch virushaltige Allantoisflüssigkeit agglutiniert werden und daß diese Hämagglutination durch Antisera spezifisch gehemmt wird. Als Antigen für die Komplementbindungsreaktion wurde von Hoyle infizierte Mäuselungensuspension, von Nigg, Crowley und Wilson infizierte Allantoisflüssigkeit verwendet.

Durch hochtouriges Zentrifugieren können aus der Allantoisflüssigkeit, der infizierten Chorioallantoismembran, sowie aus infizierten Lungensuspensionen 2 Komponenten getrennt werden: die Elementarkörperchen und die „lösliche" Substanz. Die Elementarkörperchen (600 S-Komponente) entsprechen den Viruspartikeln und sind mit der Infektiosität gekoppelt. Sie agglutinieren Erythrocyten, wirken toxisch, geben Interferenzerscheinungen und erzeugen eine Immunität. Die „lösliche" Substanz (30 S-Komponente) ist nicht infektiös, agglutiniert keine Erythrocyten, wirkt nicht toxisch und ruft keine Interferenzerscheinungen hervor. Die beiden Komponenten geben eine spezifische Komplementbindung mit entsprechenden Immunsera. Das „lösliche" Antigen ist typenspezifisch und für alle Stämme des Typs A bzw. des Typs B identisch. Das Virusantigen ist dagegen weitgehend stammspezifisch.

BURNET und Mitarbeiter wiesen auf Unterschiede hin, die zwischen frisch isolierten A-Stämmen und solchen bestehen, die in Passagen gehalten werden. Die O-(Original-)Phase, in der frisch isolierte Stämme vorliegen, vermehrt sich gut in der Amnionhöhle, schlechter dagegen in der Allantoishöhle. Das Virus in der O-Phase agglutiniert Menschen- und Meerschweinchenerythrocyten in stärkeren Verdünnungen als Hühnererythrocyten. In der D-(derivative)Phase liegen Passagestämme vor, also Stämme, die an die Allantois- oder Amnionhöhle adaptiert sind. Diese Stämme vermehren sich gleich gut in der Amnion- und Allantoishöhle und agglutinieren Hühnererythrocyten in gleicher oder stärkerer Verdünnung als Menschen- und Meerschweinchenerythrocyten.

Stammverschiedenheiten.

Alle bisher isolierten Stämme zeigen eine mehr oder weniger enge antigene Verwandtschaft zu folgenden Standardstämmen:

Influenza A: PR 8 (FRANCIS 1935)
Influenza B: Lee (FRANCIS 1940)
Influenza C: 1233 (TAYLOR 1947).

Die verschiedenen Stämme zeigen eine unterschiedliche Tierpathogenität. So sind Stämme des Typs A für Frettchen stärker pathogen als Stämme des Typs B.

Klinisches Krankheitsbild.

Das Krankheitsbild der Influenza ist nicht scharf definiert und es ist unmöglich, sporadisch auftretende Fälle klinisch von anderen Infektionen des Respirationstraktes zu trennen.

Untersuchungsmaterial für die Laboratoriumsdiagnose.

1. Erregernachweis. Rachenspülflüssigkeit soll innerhalb der ersten 3 Tage nach Krankheitsbeginn gewonnen werden. Nach diesem Zeitpunkt sind die Aussichten, das Virus zu isolieren, nur noch gering.

2. Serologische Diagnose. Zur serologischen Diagnose werden Sera aus der akuten Krankheitsphase und der Rekonvaleszenz mittels der Komplementbindungsreaktion und eventuell auch der Hämagglutinationshemmung auf ein Ansteigen der Antikörper geprüft.

Isolierung des Virus.

Wird die Rachenspülflüssigkeit innerhalb der ersten 2 Krankheitstage gewonnen, so sind die Aussichten einer Virusisolierung am günstigsten.

Der Patient gurgelt nach mehrmaligem Husten mit etwa 10—15 ml der Spülflüssigkeit. Als Spülflüssigkeit wird entweder gepufferte Kochsalzlösung, der 2—5 % normales hitzeinaktiviertes Pferdeserum zugesetzt ist, oder eine 10 %ige Bouillon-Kochsalzlösung verwendet. Der Spülflüssigkeit wird Penicillin und Streptomycin zugegeben, so daß die Endkonzentration 500 E Penicillin G krist. und $500\,\mu$g Streptomycin je Milliliter beträgt. Sofort nach der Gewinnung wird die Rachenspülflüssigkeit gefroren und bei -70^0 C bis zur Weiterverarbeitung aufbewahrt.

Mit der durch Filterpapier filtrierten Spülflüssigkeit werden 8 bis 12 Eier, die 12—13 Tage vorbebrütet sind, in die Amnionhöhle geimpft. Die Eier werden 4 Tage bei $+35^0$ C nachbebrütet, die Eier mit lebenden Embryonen mehrere Stunden bei $+4^0$ C gehalten und dann die Amnion- und Allantoisflüssigkeiten jedes Eies getrennt gewonnen und auf Hämagglutinine geprüft. Oft ist nur wenig Amnionflüssigkeit vorhanden; der Amnionsack wird dann mit gepufferter Kochsalzlösung gespült. Zur Hämagglutination werden die Eiflüssigkeiten unverdünnt oder 1:10 verdünnt mit einem gleichen Volumen einer Hühner- und Meerschweinchen- bzw. menschlicher O-Erythrocytensuspension versetzt. Die Tropfenmethode ist geeignet. Stämme des Typs A zeigen oft eine Agglutination mit Meerschweinchen- bzw. Menschenerythrocyten, dagegen keine Agglutination mit Hühnererythrocyten in der ersten Passage.

Ist keine Hämagglutination nachweisbar, so werden die Lungen der Embryonen in der Amnionflüssigkeit (20 %ige Suspension) aufgeschwemmt und weitere Eier in die Amnionhöhle beimpft. Es sollen insgesamt 3 Passagen durchgeführt werden, ehe eine Probe als negativ gewertet wird.

Zeigt sich eine Hämagglutination, so werden die Lungen-Amnionsuspensionen der positiven Eier weiter in der Amnionhöhle passiert, bis ebenfalls eine Hämagglutination der Allantoisflüssigkeiten nachweisbar ist. Die Adaptation eines Stammes an die Allantoishöhle ist oft schwierig und erfordert mehrere Passagen.

Wegen des geringen Eiweißgehaltes sollen Verdünnungen der infizierten Amnionflüssigkeit in phosphatgepufferter Kochsalzlösung, die 2—5 % hitzeinaktiviertes normales Pferdeserum enthält, hergestellt werden.

Die Isolierung des Influenzavirus durch Verimpfung des Untersuchungsmaterials in die Amnionhöhle des bebrüteten Hühnereies ist allen anderen Methoden vorzuziehen. Die Isolierung durch Impfung in die Allantoishöhle ist technisch einfacher, jedoch weitaus weniger empfindlich. Die Isolierung durch intranasale Verimpfung des Materials auf Frettchen zeigt bei Stämmen des Typs A gute Ergebnisse, sie ist bei Stämmen des Typs B nicht so empfindlich. Vor der Impfung wird den Tieren Blut entnommen und 2 Frettchen intranasal mit je 1 ml der Rachenspülflüssigkeit oder der infizierten Amnion- oder Allantoisflüssigkeit infiziert. Ein Tier wird 5 Tage nach der Impfung getötet, die Schleimhäute der Nase zermahlen und suspendiert und weiteren Tieren intranasal verimpft. Dem zweiten Tier wird 14 Tage nach der Infektion Blut entnommen und auf Antikörper geprüft. In den ersten Passagen zeigen die Tiere oft nur eine leichte Temperatursteigerung und einen Katarrh der oberen Luftwege; pneumonische Lungenveränderungen treten erst dann auf, wenn das Virus adaptiert ist. Bei Stämmen des Typs B kommt es oft zu einer Bildung spezifischer Antikörper ohne Anzeichen einer Erkrankung. Die Versuche mit Frettchen sind dadurch erschwert, daß infizierte Tiere wegen der leichten Übertragbarkeit des Influenzavirus im Gegensatz zu Hamstern und Mäusen völlig isoliert gehalten werden müssen.

Hamster können ebenfalls intranasal infiziert werden. Nicht adaptierte Stämme rufen eine subklinische Infektion hervor und es können im Blut der Tiere nach etwa 14 Tagen spezifische Antikörper nachgewiesen werden. Bei adaptierten Stämmen kommt es zu pneumonischen Veränderungen.

Die Adaptation frisch isolierter Stämme durch intranasale Verimpfung auf die Maus gelingt meist nicht, es müssen frettchen- oder hamsteradaptierte Stämme verimpft werden. Aber auch dann ist die Adaptation oft schwierig oder unmöglich. In den ersten Passagen finden sich meist keine oder nur geringfügige Lungenveränderungen. Die Tiere werden 3—4 Tage nach der Infektion getötet und von den Lungen eine 10%ige Suspension in Kochsalz-Pferdeserum hergestellt, die leicht ätherbetäubten Tieren intranasal verimpft wird. Im Gegensatz zu dem Infektionsverlauf bei dem Frettchen finden sich bei der Maus und beim Hamster keine pathologischen Veränderungen der oberen Luftwege.

Influenzavirushaltiges Material kann in entsprechender Verdünnungsflüssigkeit bei — 70° C monatelang virulent gehalten werden.

Identifizierung des Virus.

Die Typeneinteilung eines frisch isolierten Stammes ist oft einfacher mit der Komplementbindungsreaktion als mit der Hämagglutinationshemmung durchzuführen, da die Hämagglutination frisch isolierter

Stämme durch die verschiedensten Sera unspezifisch gehemmt werden kann. Amnion- und Allantoisflüssigkeiten, die eine Hämagglutination zeigen bzw. Suspensionen der Chorioallantoismembran der entsprechenden Embryonen werden in verschiedenen Verdünnungen als Antigen in der Komplementbindungsreaktion gegen je ein bekanntes Frettchen- oder Hamsterimmunserum der verschiedenen Typen angesetzt. Da meist nur wenig Antigen zur Verfügung steht, ist die Tropfenmethode unerläßlich.

Im Gegensatz zu der Komplementbindungsreaktion, die typenspezifisch ist, ist die Hämagglutinationshemmung weitgehend stammspezifisch und erlaubt Unterschiede in der antigenen Struktur der einzelnen Stämme eines Typs zu erfassen. Als Immunsera können Sera von Frettchen, Hamstern oder Hühnern verwendet werden.

Mit den entsprechenden Standardstämmen werden 9—10 Tage vorbebrütete Hühnerembryonen in die Allantoishöhle beimpft. Es werden je 0,4 ml infizierter Allantoisflüssigkeit, deren Hämagglutinationstiter bekannt ist, in einer Verdünnung 10^{-4}—10^{-5} injiziert. Die Eier werden bei $+35^0$ C 48 Std nachbebrütet und über Nacht bei $+4^0$ C gehalten. Die Allantoisflüssigkeiten werden entnommen und von jeder der Hämagglutinationstiter bestimmt, der 1:640 oder höher sein muß. Mit dieser frischen ungereinigten Allantoisflüssigkeit können Frettchen immunisiert werden. Zur Kontrolle wird den Tieren vor der Immunisierung Blut entnommen, das keine Hämagglutinationshemmung zeigen darf. Das ätherbetäubte Frettchen wird intranasal mit der Allantoisflüssigkeit infiziert, die 10^{-3} oder höher in 2%iger Normalpferdeserum-Kochsalzlösung verdünnt ist. Zwei Wochen nach der Infektion werden die Tiere entblutet und der Hämagglutinationshemmungstiter gegen den zur Immunisierung verwendeten Stamm bestimmt. Es muß noch eine vollständige Hämagglutinationshemmung in einer Serumverdünnung von 1:200—1:400 gegenüber dem homologen (Impf-)Stamm vorhanden sein. Frettchenimmunsera sind sehr spezifisch.

Mit der frischen ungereinigten Allantoisflüssigkeit können auch Hühner immunisiert werden (HILLEMAN und Mitarbeiter). Jedes Tier erhält 5 ml intravenös und 5—10 ml intraperitoneal. Die Tiere werden nach 10 Tagen entblutet. Eine Allantoisflüssigkeit, deren Hämagglutinationstiter niedriger als 1:160 ist, ist für die Immunisierung nicht geeignet. Die gewonnenen Immunsera werden auf ihren Hämagglutinationshemmungstiter gegenüber dem homologen Stamm wie den heterologen Stämmen geprüft. Als Vergleich wird das vor der Immunisierung entnommene Serum mit angesetzt, das die Hämagglutination nicht unspezifisch hemmen darf. Die Sera werden 35 min bei $+56^0$ C inaktiviert. Der Hemmungstiter soll gegenüber dem homologen Stamm

1:400 — 1:800 betragen, der gegen die heterologen Stämme möglichst weniger als 1:100.

Die Immunsera können ohne Titerverlust bei —70⁰ C aufbewahrt oder nach dem Vorgehen von HILLEMAN gefriergetrocknet werden. Die Schwierigkeit bei der Hämagglutinationshemmung liegt in der unspezifischen Hemmung. Die Hämagglutination frisch isolierter Stämme wird oft durch tierische wie menschliche Normalsera noch in hohen Verdünnungen unspezifisch gehemmt. Durch wiederholte Passagen des Stammes in der Allantoishöhle kann die unspezifische Hemmung schwinden. Die unspezifische Hemmung der Immunsera kann durch Behandlung mit einem Filtrat einer Cholera-Vibrionenkultur meist beseitigt werden.

Serologische Diagnose durch den Nachweis spezifischer Antikörper.

Zur serologischen Diagnose wird ein während der akuten Krankheitsphase entnommenes Serum mit einem zweiten in der Rekonvaleszenz gewonnen in bezug auf den Antikörpergehalt verglichen. Beide Sera werden in einem Arbeitsgang am gleichen Tag untersucht, um Unterschiede der Antigene bzw. der Hühnererythrocyten auszuschließen. Die Agglutination der Erythrocyten wird durch die Viruspartikel bedingt und durch Sera, die Antikörper gegen das Virus aufweisen, gehemmt.

CABASSO und Mitarbeiter fanden, daß der Hämagglutinationstiter infizierter ungereinigter Allantoisflüssigkeit durch Zusatz einer gleichen Menge Glycerin monatelang konstant bleibt, wenn sie bei $+4⁰$ C gehalten wird.

Zur Komplementbindungsreaktion kann Antigen aus infizierten Mäuselungen (lösliches Antigen), aus infizierter Allantoisflüssigkeit (Virusantigen) und der Chorioallantoismembran (lösliches Antigen) verwendet werden. Das Virusantigen zeigt eine weitgehende Stammspezifität, während das „lösliche" Antigen typenspezifisch ist. Im Ablauf der natürlichen Infektion bilden sich Antikörper gegen beide Antigene.

Titeranstiege um das 4fache im Ablauf der Erkrankung werden sowohl für die Hämagglutinationshemmung als auch für die Komplementbindungsreaktion als beweisend angesehen.

Literatur.

BIELING, R., u. H. HEINLEIN: Die Grippe. Leipzig: Johann Ambrosius Barth 1949. — BOZZO, A.: Studies of the antigenic composition of influenza B viruses. Bull. World. Health Org. 5, 149 (1952). — BRIODY, B. A.: Variation in influenza viruses. Bact. Rev. 14, 65 (1950). — BURNET, F. M.: Some biological implications of studies on influenza viruses. Bull. Hopkins Hosp. 88, 119 (1951). — BURNET, F. M., and J. D. STONE: Further studies on the O—D change in influenza virus A. Austral. J. Exper. Biol. a. Med. Sci. 23, 151 (1945).

Cabasso, V. J., F. S. Markham and H. R. Cox: Stabilizing action of glycerine on hemagglutination of egg-adapted mumps, Newcastle-disease and influenza viruses. Proc. Soc. Exper. Biol. a. Med. 78, 791 (1951). — Chu, C. M., C. H. Andrewes and A. W. Gledhill: Influenza in 1948—49. Bull. World Health Org. 3, 187 (1950). — Commission on acute respiratory diseases: Studies of the 1943 epidemic of influenza A. Amer. J. Hyg. 48, 253 (1948). — Committee on standard serological procedures in influenza studies: An agglutination-inhibition test proposed as a standard of reference in influenza diagnostic studies. J. of Immun. 65, 347 (1950).

Francis, Th.: A new type of virus from epidemic influenza. Science (Lancaster, Pa.) 92, 405 (1940). — Apparent serological variation within a strain of influenza virus. Proc. Soc. Exper. Biol. a. Med. 65, 143 (1947).

Haussmann, H. G., R. Siegert u. H. Schweinsberg: Komplementbindungsreaktion zur Influenza-Diagnostik. II. Serologische Vergleiche zwischen Komplementbindungsreaktion und Hirst-Test. Z. Hyg. 135, 235 (1952). — Henneberg, G., u. A. Ortmann: Anzüchtung eines Grippe-Virus-Stammes. Zbl. Bakter. I Orig. 154, 178 (1949). — Hilleman, M. R.: A pattern of antigen variation. Federat. Proc. 11, 798 (1952). — Hilleman, M. R., E. L. Buescher and J. E. Smadel: Preparation of dried antigens and antiserum for the agglutination-inhibition test for virus influenza. Publ. Health Rep. 66, 1195 (1951). — Hirst, G. K.: The agglutination of red cells by allantoic fluid of chick embryos infected with influenza virus. Science (Lancaster, Pa.) 94, 22 (1941). — Direct isolation of influenza virus in chick embryos. Proc. Soc. Exper. Biol. a. Med. 58, 155 (1945). Studies on the mechanism of adaptation of influenza virus to mice. J. of Exper. Med. 86, 357 (1947). — Hoyle, L., and R. W. Fairbrother: Serological diagnosis of epidemic influenza by the complement-fixation reaction. Brit. Med. J. 1947, 991. — Hummeler, K., L. P. Kravis and M. Sigel: A rapid method for identification of newly isolated influenza viruses. J. Bacter. 64, 253 (1952).

Isaacs, A., A. W. Gledhill and C. H. Andrewes: Influenza A viruses. Laboratory studies, with special reference to European outbreak of 1950—51. Bull. World Health Org. 6, 287 (1952).

Magill, T. P.: A virus from cases of influenza-like upper-respiratoy infection. Proc. Soc. Exper. Biol. a. Med. 45, 162 (1940).

Rasmussen, A. F., J. C. Stokes and J. E. Smadel: The army experience with influenza, 1946—1947. II. Laboratory aspects. Amer. J. Hyg. 47, 142 (1948).

Salk, J.: A plastic plate for use in tests involving virus hemagglutination and other similar reactions. Science (Lancaster, Pa.) 108, 749 (1948). — Siegert, R., H. G. Haussmann, H. Peter u. H. Schweinsberg: Komplementbindungsreaktion zur Influenza-Diagnostik, I. Herstellung und Auswertung von Influenza-Antigenen. Z. Hyg. 134, 508 (1952). — Sigel, M. M., E. G. Allen, D. J. Williams and A. J. Girardi: Immunologic response of hamsters to influenza virus strains. Proc. Soc. Exper. Biol. a. Med. 72, 507 (1949). — Smith, W., C. H. Andrewes and P. P. Laidlaw: A virus obtained from influenza patients. Lancet 1933, 66. — Smith, W.: The structural and functional plasticity of influenza virus. Lancet 1952, 885. — Stuart-Harris, C. H., and M. H. Miller: Vagaries of the agglutination inhibition reaction with newly-isolated strains of influenza virus. Brit. J. Exper. Path. 28, 394 (1947).

Taylor, R. M.: A further note on 1233 („Influenza C") virus. Arch. Virusforsch. 4, 485 (1951).

Wiener, M., W. Henle and G. Henle: Studies on the complement fixation antigens of influenza viruses types A and B. J. Exper. Med. **83,** 259 (1946). — Wiener-Kirber, M., and W. Henle: A comparison of influenza complement fixation antigen derived from allantoic fluids and membranes. J. of Immun. **65,** 229 (1950). — *World Health Organization:* Expert Committee on Influenza. Technical Rep. Ser. No 64, Genf 1953.

12. Mumps.

Die Virusätiologie der Mumpsinfektion wurde durch Johnson und Goodpasture im Jahre 1933 endgültig gesichert. Enders und Mitarbeiter zeigten, daß eine Suspension virusinfizierter Parotisdrüsen des Rhesusaffen als Antigen in der Komplementbindungsreaktion verwendet werden kann und daß es im Ablauf der Mumpsinfektion zu einer spezifischen Antikörperbildung kommt. Habel züchtete 1945 das Mumpsvirus im bebrüteten Hühnerei. Noch im gleichen Jahr wiesen Levens und Enders nach, daß das in der Amnion- bzw. Allantoishöhle des bebrüteten Hühnereies gezüchtete Mumpsvirus Menschen- und Hühnererythrocyten agglutiniert und daß die Hemmung der Hämagglutination zum Nachweis spezifischer Antikörper verwendet werden kann. In der mumpsinfizierten Eiflüssigkeit bzw. einer Suspension der Chorioallantoismembran wurden von Henle, Henle und Harris im Jahre 1947 zwei verschiedene Antigene nachgewiesen, das virale und das „lösliche" Antigen, die durch hochtouriges Zentrifugieren voneinander getrennt werden können.

Stammverschiedenheiten.

Alle isolierten Stämme sind in ihrer Antigenstruktur identisch.

Klinisches Krankheitsbild.

Die Mumpserkrankung ist eine Allgemeininfektion. Als Lokalsymptom kann eine Parotitis, Orchitis, Ovariitis, Pankreatitis, Neuritis, Meningoencephalitis (auch ohne begleitende Parotitis als einzige Krankheitsmanifestation) gefunden werden.

Untersuchungsmaterial für die Laboratoriumsdiagnose.

1. Erregernachweis. Speichel soll innerhalb der ersten 2—3 Krankheitstage gewonnen werden. Zu einem späteren Zeitpunkt ist der Virusnachweis unsicher. Bei den Fällen mit einer Beteiligung des Zentralnervensystems kann das Virus innerhalb der ersten 6 Krankheitstage auch im Liquor nachgewiesen werden. Kilham gelang die Isolierung des Virus aus dem Blut während der akuten Krankheitsphase.

2. Serologische Diagnose. Blutsera aus der akuten Krankheitsphase und der Rekonvaleszenz werden mittels der Komplementbindungsreaktion und eventuell auch der Hämagglutinationshemmung auf ein Ansteigen des Antikörpergehaltes geprüft.

Isolierung des Virus.

Speichel wird über einen Zeitraum von etwa 1 Std gesammelt. Es wird ein gleiches Volumen 10%iger Nährbouillon in gepufferter Kochsalzlösung zugegeben, die Penicillin und Streptomycin enthält, so daß die Endkonzentration 500—1000 IE Penicillin G krist. und 500 μg Streptomycin je Milliliter beträgt. Die Speichelbouillonmischung wird bis zur Verimpfung bei —70° C gehalten.

Steril entnommener Liquor kann ohne Vorbehandlung mit Antibiotica direkt verimpft werden. Ist eine sofortige Weiterverarbeitung nicht möglich, so wird der Liquor bei —70° C aufbewahrt. Blut wird unter aseptischen Bedingungen gewonnen.

Von dem Untersuchungsmaterial wird 0,1—0,2 ml in die Amnionhöhle 8 Tage alter Hühnerembryonen verimpft. Je Untersuchungsprobe werden etwa 10—12 Eier beimpft, da mit dem Absterben einer Anzahl der Embryonen gerechnet werden muß. Nach der Beimpfung werden die Eier 5—6 Tage bei +35° C nachbebrütet. Die Amnionflüssigkeit eines jeden noch lebenden Embryos wird dann entnommen und auf Hämagglutinine gegen Hühnererythrocyten geprüft. Hierzu wird die Amnionflüssigkeit im Verhältnis 1:4 mit physiologischer Kochsalzlösung versetzt und eine gleiche Menge einer 0,5%igen Hühnererythrocytensuspension zugefügt. Tritt bei keiner der Amnionflüssigkeiten eine Hämagglutination ein, so werden diese mit den entsprechenden Amnionhäuten zusammengegeben und hiermit wiederum 10—12 Eier in die Amnionhöhle geimpft. Am Ende der Nachbebrütungszeit werden diese Amnionflüssigkeiten ebenfalls auf Hämagglutinine geprüft. Ist das Ergebnis erneut negativ oder fraglich, so wird eine weitere Amnionpassage durchgeführt. Erst wenn diese ebenfalls negativ ist, insgesamt also 3 Passagen durchgeführt wurden, kann eine Untersuchungsprobe als negativ gewertet werden.

Amnionflüssigkeiten, die eine Hämagglutination zeigen, werden zunächst in der Amnionhöhle weiter passiert. Nach mehreren Passagen kann versucht werden, das Virus an die Allantoishöhle zu adaptieren. Sieben Tage vorbebrütete Eier werden in die Allantoishöhle beimpft und nach einer 5tägigen Nachbebrütung bei +35° C die Allantoisflüssigkeiten gewonnen.

Identifizierung des Virus.

Die Spezifität einer Hämagglutination wird durch ihre Hemmung durch ein spezifisches Antiserum nachgewiesen. Als Antisera können geeignete menschliche Rekonvaleszentenserä oder ein durch Immunisierung von Hühnern gewonnenes Immunserum verwendet werden.

Die Hühner erhalten 2 ml infizierter frischer Allantoisflüssigkeit entsprechend hohen Hämagglutinationstiters intramuskulär und 5 ml intraperitoneal. Nach 12 Tagen wird eine Probeblutentnahme durchgeführt und der Hämagglutinationshemmungstiter mit dem vor der Immunisierung entnommenen Serum, das keine Hemmung zeigen darf, verglichen. Ist dieser ausreichend, so wird das Tier entblutet. Bei nicht genügend hohem Titer erhält das Tier noch einmal eine gleiche Menge der infizierten Allantoisflüssigkeit. Die Blutentnahme erfolgt dann 10 Tage später. Das Immunserum wird in Ampullen abgefüllt und ist, bei -70^0 C aufbewahrt, mehrere Monate ohne Titerverlust haltbar. Vor der Verwendung wird es 30 min bei $+56^0$ C inaktiviert.

Die infizierte Amnion- bzw. Allantoisflüssigkeit kann als Antigen in der Komplementbindungsreaktion gegen ein bekanntes Immunserum angesetzt werden.

Die infizierten Eiflüssigkeiten werden bei -70^0 C aufbewahrt.

Serologische Diagnose durch den Nachweis spezifischer Antikörper.

Zur serologischen Diagnose werden 2 in verschiedenen Krankheitsphasen entnommene Sera in bezug auf ihren Antikörpergehalt mittels der Komplementbindungsreaktion und der Hämagglutinationshemmung miteinander verglichen. Das erste Serum soll möglichst früh während der akuten Phase der Erkrankung entnommen werden, das zweite in der Rekonvaleszenz. Beide Sera werden in einem Arbeitsgang untersucht, um Unterschiede des Antigens bzw. der Hühnererythrocyten auszuschalten. Kann kein Antikörperanstieg in dem betreffenden Intervall nachgewiesen werden, so muß noch eine weitere Serumprobe etwa 6—7 Wochen nach Krankheitsbeginn untersucht werden. Die Sera können bei -70^0 C ohne Änderung ihres Antikörpergehaltes monatelang aufbewahrt werden. Sowohl bei der Komplementbindungsreaktion als auch bei der Hämagglutinationshemmung wird als beweisend nur ein Anstieg des Antikörpertiters um mindestens das 4fache gewertet.

Als Antigen für die Hämagglutination wird infizierte Allantoisflüssigkeit verwendet. Die Hämagglutinine schwinden relativ schnell, wenn die Allantoisflüssigkeit bei $+4^0$ C aufbewahrt wird. CABASSO, MARKHAM und COX fanden, daß ein Zusatz eines gleichen Teiles Glycerin (redestilliert, neutral, spez. Gewicht 1,24) zu der unkonzentrierten Allantoisflüssigkeit den Titer bis zu 16 Wochen konstant hält, wenn die Mischung bei $+4^0$ C aufbewahrt wird.

Die Hämagglutination kann durch Normalsera unspezifisch gehemmt werden. Ein entsprechender Titeranstieg ist jedoch als spezifisch anzusehen.

Als Antigen (V-Antigen) kann für die Komplementbindungsreaktion infizierte, ungereinigte und nichtkonzentrierte Allantoisflüssigkeit verwendet werden. Das Antigen ist bei $+4^0$ C mehrere Monate haltbar. Es bildet sich jedoch oft ein Präcipitat löslicher Salze (Phosphate und Urate) wie auch nichtlöslicher Substanz. Ein Teil der Viruspartikel wird von diesem Präcipitat adsorbiert. Vor der Verwendung muß das Antigen mit Glasperlen leicht geschüttelt werden, bis eine relativ homogene Suspension entsteht. Das Antigen wird dann entsprechend dem Titer mit Kochsalzlösung verdünnt und 2—3 Std bei Zimmertemperatur oder 20 min bei $+ 37^0$ C gehalten, um eine Elution des Virus herbeizuführen.

Die Allantoisflüssigkeit kann durch Dialyse gereinigt und durch hochtouriges Zentrifugieren und Resuspendieren in einem entsprechenden Puffer konzentriert werden.

Das „lösliche" Antigen wird aus infizierter Chorioallantoismembran gewonnen. Von den Chorioallantoismembranen wird eine 40 %ige Suspension in physiologischer Kochsalzlösung im „Starmix" hergestellt, die bei 20000 Umdrehungen je Minute 60 min zentrifugiert wird. Der Überstand stellt das lösliche Antigen dar.

Als Kontrollserum kann menschliches Rekonvaleszentenserum oder Meerschweinchenimmunserum verwendet werden.

Bei der natürlichen Infektion werden Antikörper gegen beide Antigene gebildet.

Literatur.

AIKAWA, J. K., and G. MEIKLEJOHN: The serologic diagnosis of mumps. J. of Immun. **62**, 261 (1949).

BEVERIDGE, W. I. B., and P. E. LIND: Mumps. II. Virus hemagglutination and serological reactions. Austral. J. Exper. Biol. a. Med. Sci. **24**, 127 (1946). — BEVERIDGE, W. I. B., P. E. LIND and S. G. ANDERSON: Mumps. I. Isolation and cultivation of the virus in the chick embryo. Austral. J. Exper. a. Med. Sci. **24**, 15 (1946).

CABASSO, V. J., F. S. MARKHAM and H. R. COX: Stabilizing action of glycerine on hemagglutination of egg-adapted mumps, Newcastle disease and influenza viruses. Proc. Soc. Exper. Biol. a. Med. **78**, 791 (1951).

ENDERS, J. F., S. COHEN and L. W. KANE: Immunity in mumps. II. The development of complement-fixing antibody and dermal hypersensivity in human beings following mumps. J. of Exper. Med. **81**, 119 (1945). — ENDERS, J. F., L. W. KANE, S. COHEN and J. H. LEVENS: Immunity in mumps. I. Experiments with monkeys (Maccacus mulatta). The development of complement-fixing antibody following infection and experiments on immunization by means of inactivated virus and convalescent human serum. J. of Exper. Med. **81**, 93 (1945). — ESSER-TRIMBERGER, I.: Diagnostic de l'infection ourlienne par les méthodes biologiques specifiques. Thèse de Lyon. 1952.

GINSBERG, H. S., and F. L. HORSFALL: A labile component of normal serum which combines with various viruses. Neutralization of infectivity and inhibition of hemagglutination by the component. J. of Exper. Med. **90**, 475 (1949).

HABEL, K.: Cultivation of mumps virus in the developing chick embryo and its application to studies of immunity in man. Publ. Health Rep. **60**, 201 (1945). — HENLE, G., S. HARRIS and W. HENLE: The reactivity of various human sera with mumps complement fixation antigens. J. of Exper. Med. **88**, 133 (1948). — HENLE, G., W. HENLE and S. HARRIS: The serological differentiation of mumps complement-fixation antigens. Proc. Soc. Exper. Biol. a. Med. **64**, 290 (1947). — HENLE, G., and C. L. McDOUGALL: Mumps-meningo-encephalitis. Isolation in chick embryos of virus from spinal fluid of a patient. Proc. Soc. Exper. Biol. a. Med. **66**, 209 (1947).

JOHNSON, C. D., and E. W. GOODPASTURE: An investigation of the etiology of mumps. J. of Exper. Med. **59**, 1 (1934).

KILHAM, L.: Isolation of mumps virus from the blood of a patient. Proc. Soc. Exper. Biol. a. Med. **69**, 99 (1948). — Mumps-meningoencephalitis with and without parotitis. Amer. J. Dis. Childr. **78**, 324 (1949). — KLÖNE, W.: Isolierung des Mumpsvirus aus dem Liquor bei Mumps-Meningoencephalitis. Klin. Wschr. **1952**, 782.

LEVENS, J. H., and J. F. ENDERS: The hemagglutinative properties of amniotic fluid from embryonated eggs infected with mumps virus. Science (Lancaster, Pa.) **102**, 117 (1945). — LEYMASTER, G. R., and T. G. WARD: Direct isolation of mumps virus in chick embryos. Proc. Soc. Exper. Biol. a. Med. **65**, 346 (1947). — LUNDBÄCK, H.: Serological diagnosis in mumps. Brit. J. Exper. Path. **30**, 221 (1949).

ROBBINS, F. C., L. KILHAM, J. H. LEVENS and J. F. ENDERS: An evaluation of the test for antihemagglutinin in the diagnosis of infections by the mumps virus. J. of Immun. **61**, 235 (1949).

WEIL, M. L., D. BEARD, D. G. SHARP and J. W. BEARD: Purification, p_H stability and culture of the mumps virus. J. of Immun. **60**, 561 (1948). — WELLER T. H., and J. F. ENDERS: Production of hemagglutinin by mumps and influenza A viruses in suspended cell tissue cultures. Proc. Soc. Exper. Biol. a. Med. **69**, 124 (1948). — WENNER, H. A., M. H. JENSON and A. MONLEY: A study of infections caused by mumps and Newcastle disease viruses. I. Specific and nonspecific serological relations. J. of Immun. **68**, 343 (1952). — WENNER, H. A., A. MONLEY and M. H. JENSON: A study of infections caused by mumps and Newcastle disease viruses. II. Some properties of specific and non-specific serum hemagglutination inhibitor components. J. of Immun. **68**, 357 (1952).

13. Atypische Pneumonie.

Die atypische Pneumonie ist ätiologisch nicht geklärt. Das klinische Syndrom kann durch die verschiedensten Erreger hervorgerufen werden. Tuberkelbacillen, Pneumokokken, Toxoplasmen, Coccidioides imitis, Rickettsia burnetii, Influenzavirus A und B, Psittakosevirus, das Virus der lymphocytären Choriomeningitis konnten bei klinisch gleichen oder ähnlichen Krankheitsbildern nachgewiesen werden. Bei Kindern wurde das Syndrom bei Keuchhusten und Masern gefunden.

Diese bekannten Erreger werden aber nur gelegentlich nachgewiesen, bei der Mehrzahl der Erkrankungen bleibt die Ursache unbekannt.

Viren, die teilweise der Psittakosegruppe zugeordnet werden, sind bei atypischer Pneumonie isoliert worden. Über die Bedeutung dieser Befunde besteht jedoch keine Einstimmigkeit. Es sind Einzelbefunde und es ist nicht immer klar, ob das isolierte Agens auch im Untersuchungsmaterial und nicht latent im Versuchstier vorhanden war und durch die intranasale Verimpfung aktiviert wurde.

Die „Commission on acute respiratory diseases" führte größere Versuchsreihen mit Freiwilligen durch und es gelang, durch Versprühen von Sputum und Rachenspülflüssigkeit Erkrankter in Nase und Rachenraum, bei einem Teil der Versuchspersonen eine atypische Pneumonie zu erzeugen.

Die Erkrankung verläuft benigne, sie zeigt nur eine geringe Mortalität. Es findet sich keine jahreszeitliche Bindung. Die Inkubationszeit ist nicht bekannt. Kleinere Epidemien in Schulen, Internaten, Kasernen sind beschrieben. Klinisch finden sich Fieber, Halsschmerzen, Husten oft ohne Auswurf, keine Leukocytose, relative Bradykardie. Im Röntgenbild sind mehr oder weniger gröbere Verschattungen, besonders perihilär nachweisbar.

Bei 20—90% der an atypischer Pneumonie Erkrankten bilden sich, je nach Schwere des Krankheitsbildes, in der 2. Woche Kältehämagglutinine. Diese erreichen ihren maximalen Titer in der 4. Krankheitswoche. Bei Infektionen mit den oben angeführten bekannten Erregern kommt es nicht zur Bildung von Kältehämagglutininen. Obwohl die Kältehämagglutination nicht spezifisch ist, ist sie bei einem entsprechenden Krankheitsbild diagnostisch von Bedeutung. Ein Fehlen der Kältehämagglutinine spricht jedoch nicht gegen die Diagnose einer atypischen Pneumonie.

In einem geringeren Prozentsatz bilden sich in der 2.—3. Krankheitswoche Agglutinine gegen den Streptococcus MG. Sie erreichen ihr Maximum in der 4.—5. Krankheitswoche. Der Streptococcus MG wurde bei einem tödlich ausgehenden Fall von atypischer Pneumonie isoliert und ist immunologisch mit dem Streptococcus salivarius Typ 1 verwandt. Eine ätiologische Bedeutung kommt diesem Streptococcus nicht zu.

Literatur.

Commission on acute respiratory diseases: The transmission of primary atypical pneumonia to human volunteers. Bull. Hopkins Hosp. 79, 97 (1946). — CURNEN, E. C., G. S. MIRICK, J. E. ZIEGLER, L. THOMAS and F. L. HORSFALL,: Studies on primary atypical pneumonia. I. Clinical features and results of laboratory investigations. J. Clin. Invest. 24, 209 (1945).

DINGLE, J. H.: The present status of the etiology of primary atypical pneumonia. Bull. New York Acad. Med. 21, 235 (1945).

EATON, M. D., M. D. BECK and H. E. PEARSON: A virus from cases of atypical pneumonia; relation to the viruses of meningo-pneumonitis and psittacosis. J. of Exper. Med. 73, 641 (1941).

HORSFALL, F. L.: Primary atypical pneumonia. Ann. Int. Med. 27, 275 (1947).

MEYER, K. F., u. B. EDDIE: Human pneumonitis viruses and their classification. Arch. Virusforsch. 4, 579 (1952).

REIMANN, H. A.: The viral pneumonias and pneumonias of probable viral origin. Medicine 26, 167 (1947).

SMADEL, J. E.: Atypical pneumonia and psittacosis. J. Clin. Invest. 22, 57 (1943).

(Fortsetzung auf Seite 154.)

Tabelle 7. *Spezifische Diagnose der Virus- und Rickettsieninfektionen.*

Erkrankung	Untersuchungsmaterial	Direkter Virus- nachweis	Isolierung des Erregers	Serologisch-immunologische Diagnose
Fleckfieber	Blut	—	Meerschweinchen (i.p.)	Komplementbindungsreaktion Rickettsienagglutination, WEIL-FELIX-Reaktion (unspez.)
Q-Fieber	Blut Urin	—	Meerschweinchen (i.p.)	Komplementbindungsreaktion Rickettsienagglutination
Lymphogranuloma inguinale	Buboneneiter Liquor	+	M. cynomolgus (i.c.) Maus (i.c.) Hühnerembryo (Dottersack)	Komplementbindungsreaktion
Psittakose	Blut Sputum (Lunge, Milz)	—	Maus (i.p.) Hühnerembryo (Dottersack)	Komplementbindungsreaktion
Einschlußkörper- conjunctivitis	Konjunktivalabstrich	+	—	—
Pocken-Vaccine	Papeln, Bläschen (Pusteln, Schorfe) Blut	+	Hühnerembryo (Chorioallantoismembran)	Komplementbindungsreaktion
Tollwut	Zentralnervensystem Speichel	(+)	Maus (i.c.)	(Komplementbindungsreaktion)

Lymphocytäre Choriomeningitis	Blut Liquor	—	Maus (i.c. und i.p.) Meerschweinchen (i.c. und i.p.)	Komplementbindungsreaktion Neutralisationsreaktion
Encephalomyelitiden	Zentralnervensystem (Blut, Liquor)	—	Maus (i.c.)	Komplementbindungsreaktion Neutralisationsreaktion
Poliomyelitis	Stuhl (Zentralnervensystem)	—	Gewebekultur M. cynomolgus M. rhesus (i.n., i.p., i.c.)	Neutralisationsreaktion (Gewebekultur)
Infektionen mit Viren der Coxsackiegruppe	Stuhl Rachenabstrich	—	saugende Maus (i.c., i.p., s.c.)	Neutralisationsreaktion
Herpes simplex	Bläscheninhalt Liquor (Zentralnervensystem)	—	saugende Maus (i.p.) Hühnerembryo (Chorioallantoismembran)	Komplementbindungsreaktion Neutralisationsreaktion
Influenza	Rachenspülflüssigkeit	—	Hühnerembryo (Amnionhöhle) Frettchen (i.n.)	Komplementbindungsreaktion Hämagglutinationshemmung
Mumps	Speichel Liquor	—	Hühnerembryo (Amnionhöhle)	Komplementbindungsreaktion Hämagglutinationshemmung
Atypische Pneumonie	Blutserum	—	—	Kältehämagglutination (unspez.) Agglutination Streptococcus MG (unspez.)

THOMAS, L., G. S. MIRICK, E. C. CURNEN, J. E. ZIEGLER and F. L. HORSFALL: Studies on primary atypical pneumonia. II. Observations concerning the relationship of a non-hemolytic streptococcus to the disease. J. Clin. Invest. **24**, 227 (1945). — TURNER, J. C.: Development of cold agglutinins in atypical pneumonia. Nature (Lond.) **151**, 419 (1943).

14. Aseptische Meningitis.

Das Syndrom der aseptischen Meningitis wird durch die verschiedensten Erreger hervorgerufen. Tuberkelbakterien, Leptospiren, Toxoplasmen, Poliomyelitisvirus, Mumpsvirus, Herpes simplex-Virus, das Virus der lymphocytären Choriomeningitis, Lymphogranuloma inguinale-Virus konnten nachgewiesen werden. Gelegentlich wurde eine aseptische Meningitis bei der infektiösen Mononukleose beobachtet. Die Bedeutung der Viren der Coxsackie-Gruppe ist nicht geklärt. Die Mehrzahl der Erkrankungen bleibt ätiologisch ungeklärt, wahrscheinlich ist ein großer Teil der in den Sommermonaten beobachteten Fälle durch das Poliomyelitisvirus bedingt.

Handbuch der Virusforschung

Herausgegeben von Professor Dr. **R. Doerr** -Basel, und Professor Dr. **C. Hallauer**-Bern.

Zweiter Ergänzungsband. Mit 187 Abbildungen im Text. VIII, 425 Seiten. 1950.   DM 66.—; Ganzleinen DM 69.—

Inhaltsverzeichnis: Technic and Application of Roller Tube Cultures. By A. E. Feller-Cleveland/Ohio. — Technic and Application of Drying of Viruses in the Frozen State. By E. W. Flosdorf-Forest Grove/Pennsylvania. — Die Auflicht- und Dunkelfeldmikroskopie in der Virusforschung. Von M. Kaiser-Wien und P. Vonwiller-Rheinau. — Variation in Influenza Viruses. By F. M. Burnet-Melbourne. — Immunity and Vaccination in Influenza. By Th. Francis Jr.-Ann Arbor/Michigan. — Virus Pneumonia and Pneumonitis Viruses of Man and Animals. By M. D. Eaton-Boston/Mass. — Die Haemagglutination durch Virusarten (Phänomen von G. K. Hirst). Von C. Hallauer-Bern. — Die Elektronenmikroskopie in der Virusforschung. Von H. Ruska-Berlin-Dahlem.

Das Handbuch der Virusforschung, Erste Hälfte 1938, Zweite Hälfte 1939, sowie der erste Ergänzungsband 1944 sind vergriffen. Das Werk wird in Ergänzungsbänden fortgesetzt.

Archiv für die gesamte Virusforschung

Unter Mitwirkung hervorragender in- und ausländischer Fachleute herausgegeben von **R. Doerr** †-Basel und **C. Hallauer**-Bern. Erscheint zwanglos in einzeln berechneten Heften, die zu Bänden vereinigt werden.

Lehrbuch der Hygiene

Von Professor Dr. **Ernst Rodenwaldt**-Heidelberg, und Professor Dr. **Richard-Ernst Bader**-Heidelberg. Mit 102 zum Teil farbigen Abbildungen. IX, 823 Seiten. 1951.   Ganzleinen DM 68.70

E. v. Esmarchs
Hygienisches Taschenbuch

Ein Ratgeber der praktischen Hygiene für Medizinal- und Verwaltungsbeamte, Ärzte, Techniker, Schulmänner, Architekten und Bauherren. Sechste, vollständig neu bearbeitete Auflage.

Unter Mitwirkung von H. Kliewe-Mainz, W. Liese-Berlin, B. Schmidt-Frankfurt a. M., F. Schütz-Lübeck, R. Weldert-Berlin, herausgegeben von Dr. **H. Schlossberger**, o. Professor der Hygiene an der Universität Frankfurt a. M. und Dr. **G. Wildführ,** o. Professor der Hygiene an der Universität Leipzig. Mit 36 Textabbildungen. V, 657 Seiten. 1950. Ganzleinen DM 29.70

Zeitschrift
für Hygiene und Infektionskrankheiten

Begründet von Robert Koch. Unter Mitwirkung von **C. Hallauer**-Bern, und **W. Kikuth**-Düsseldorf, herausgegeben von **H. Schlossberger**-Frankfurt a. M. Erscheint nach Maßgabe des eingehenden Materials zwanglos in einzeln berechneten Heften, die zu Bänden vereinigt werden.

SPRINGER-VERLAG / BERLIN · GÖTTINGEN · HEIDELBERG

Ergebnisse der Hygiene, Bakteriologie, Immunitätsforschung und experimentellen Therapie

Begründet von **Wolfgang Weichardt** †. Herausgegeben von Professor Dr. **E. G. Nauck**-Hamburg, und Professor Dr. **H. Schlossberger**-Frankfurt a. M.

Achtundzwanzigster Band: Mit 25 Abbildungen. Etwa 496 Seiten. 1953.
Etwa DM 88.—

Inhaltsübersicht: Die Meningokokkeninfektionen. Von W. Goeters-Norderney. — Die Hämagglutinationsreaktion nach Middlebrock und Dubos. Ein kurzer Überblick). Von H. Brodhage-Luzern. — Über die Promunität (Depressionsimmunität). Von H. Brandis-Frankfurt a. M. — Über die Natur des unvollständigen Antikörpers und seine immunbiologische und klinische Bedeutung. Von W. Spielmann-Frankfurt a. M. — Deutung und weitere Entwicklung der Hämagglutination nach Thomsen. Von F. H. Caselitz-Hamburg. — Serologische Grundlagen der Rh-Forschnng. Von A. W. Schwenzer-Frankfurt a. M. — The Protein Molecule as a Multicatalytic Entity. By M. G. Sevag-Philadelphia. — Namen- und Sachverzeichnis.

Siebenundzwanzigster Band. Mit 71 Abbildungen, III, 605 Seiten. 1952.
DM 108.—

Inhaltsübersicht: Die Toxoplasmose. Von J. Winsser-Cincinnati (Ohio)/USA. — Zur Epidemiologie der Ruhr in Deutschland. Von W. Donle-München. — Cellulose-Abbau durch Bakterien. Von H. Ostertag-Hamburg. — Die Leptospiren unter besonderer Berücksichtigung ihrer antigenen Eigenschaften. Von E. Wiesmann-St. Gallen. — Der moderne Stand der biologischen und chemotherapeutischen Malariaforschung. Von L. Mudrow-Reichenow-Wuppertal-Elberfeld. — Die Viren der Coxsackie-Gruppe. Von O. Vivell und R. Gädeke-Freiburg i. Br. — Namen- und Sachverzeichnis.

Sechsundzwanzigster Band: Mit 45 Abbildungen und einem Porträt. VI, 393 Seiten. 1949. DM 68.—

Inhaltsübersicht: Wolfgang Weichardt †. Von R. Doerr-Basel und H. Schlossberger-Frankfurt a. M. — Dichlordiphenyltrichloraethan als Insektizid und seine Bedeutung für die Human- und Veterinärhygiene. Von P. Müller-Basel, R. Domenjoz-Basel, R. Wiesmann-Basel und A. Buxtorf-Basel. — Das serologische und biologische Verhalten der für den Menschen pathogenen Streptokokken. Von G.-B. Roemer-Düsseldorf. — Bacterium bifidum und seine Bedeutung. Von K. Boventer-Düsseldorf. — Die Typhus-Paratyphus-Enteritis-Gruppe (Die Salmonella-Gruppe). Von R.-E. Bader-Heidelberg. — Zum Problem des Bakterienzellkerns. Von G. Piekarski-Bonn. — Namen- und Sachverzeichnis.